Hamza Elkhaldi (Éd.)

Conception d'une machine à commande numérique de découpage de tôles

I0131339

Hamza Elkhaldi (Éd.)

Conception d'une machine à commande numérique de découpage de tôles

Éditions universitaires européennes

Impressum / Mentions légales
Bibliografische Information der Deutschen Nationalbibliothek: Die Deutsche Nationalbibliothek verzeichnet diese Publikation in der Deutschen Nationalbibliografie; detaillierte bibliografische Daten sind im Internet über http://dnb.d-nb.de abrufbar.
Alle in diesem Buch genannten Marken und Produktnamen unterliegen warenzeichen-, marken- oder patentrechtlichem Schutz bzw. sind Warenzeichen oder eingetragene Warenzeichen der jeweiligen Inhaber. Die Wiedergabe von Marken, Produktnamen, Gebrauchsnamen, Handelsnamen, Warenbezeichnungen u.s.w. in diesem Werk berechtigt auch ohne besondere Kennzeichnung nicht zu der Annahme, dass solche Namen im Sinne der Warenzeichen- und Markenschutzgesetzgebung als frei zu betrachten wären und daher von jedermann benutzt werden dürften.

Information bibliographique publiée par la Deutsche Nationalbibliothek: La Deutsche Nationalbibliothek inscrit cette publication à la Deutsche Nationalbibliografie; des données bibliographiques détaillées sont disponibles sur internet à l'adresse http://dnb.d-nb.de.
Toutes marques et noms de produits mentionnés dans ce livre demeurent sous la protection des marques, des marques déposées et des brevets, et sont des marques ou des marques déposées de leurs détenteurs respectifs. L'utilisation des marques, noms de produits, noms communs, noms commerciaux, descriptions de produits, etc, même sans qu'ils soient mentionnés de façon particulière dans ce livre ne signifie en aucune façon que ces noms peuvent être utilisés sans restriction à l'égard de la législation pour la protection des marques et des marques déposées et pourraient donc être utilisés par quiconque.

Coverbild / Photo de couverture: www.ingimage.com

Verlag / Editeur:
Éditions universitaires européennes
ist ein Imprint der / est une marque déposée de
OmniScriptum GmbH & Co. KG
Heinrich-Böcking-Str. 6-8, 66121 Saarbrücken, Deutschland / Allemagne
Email: info@editions-ue.com

Herstellung: siehe letzte Seite /
Impression: voir la dernière page
ISBN: 978-3-8417-4642-9

Dédicace

Du plus profond de mon cœur et avec le plus grand plaisir de ce monde,

Je dédie ce travail

À mes chers parents ma mère Samira et mon père Boubaker

Pour leurs sacrifices, leurs grands amours qu'ils m'ont porté, votre assistance et vos encouragements qui ont été pour moi une source de persévérance.

Que dieu les préserve en bonne santé et longue vie et qu'ils trouvent dans ces modestes mots le témoignage de ma gratitude et ma sincère reconnaissance

À mon frère Soufian

Pour son soutien et ses conseils. Qu'il trouve ici toute l'estime que j'éprouve pour lui et le souhait de bonheur et de prospérité.

À tous les membres de ma grande famille

Recevez ici le témoignage de mon grand respect et reconnaissance, de ma gratitude et de mon profond attachement.

À tous mes amis

Pour tous les instants inoubliables que j'ai passé avec eux,

Pour leurs amitiés, leurs fraternités et leurs soutiens continus en particulier Ahmed, Mahmoud et Mouhamed.

Et enfin

Qu'ils soient comblés de bonheur, de joie et de succès.

À tous ceux qui me sont chers.

Hamza ELKHALDI

Remerciements

C'est avec un grand plaisir que je réserve ces quelques lignes en signe de gratitude et de reconnaissance à tous ceux qui ont contribué à l'élaboration de ce projet.

Je tiens à porter un grand hommage à mon encadreur Mr Moez Frikha qui a suivi de près ce projet avec le sérieux et la compétence qui le caractérisent.

Je tiens également à remercier et exprimer mon profond respect à tous les membres du jury, à savoir Mr Tahar Fakhfakh et Mr Mohamed Khlif, qui ont bien voulu juger ce travail malgré la lourde tache.

Je salue chaleureusement tous les enseignants de mon département qui ont contribué énormément à forger mon acquis et à promouvoir l'image de l'ingénieur de demain.

Hamza Elkhaldi

Sommaire

Liste des Figures

Liste des Tableaux

Introduction Générale

Les machines à commande numérique sont actuellement très utilisées dans les industries de construction métallique. Ces machines augmentent les performances telles que la précision et la rapidité du travail, de même la qualité de production. Dans ce cadre, la société Compagnie de Phosphates de Gafsa a proposé, en collaboration avec le département de génie mécanique de l'Ecole Nationale d'Ingénieurs de Sfax, ce projet intitulé "Etude et conception d'une machine à commande numérique de découpage de tôles".

Dans ce projet on s'intéresse à l'étude mécanique de cette machine. La partie commande sera l'objet d'un autre projet, donc le travail est mutuel entre les deux équipes pour échanger les données communes.

Dans le premier chapitre, on fait une étude bibliographique pour choisir le type de la machine et le procédé de découpage.

Le deuxième chapitre concerne l'analyse fonctionnelle pour fixer le cahier de charge de ce projet, de plus on présente les différentes solutions technologiques.

Pour le troisième chapitre, on fait l'étude dimensionnelle des différents composants de la machine, et les calculs des systèmes de transmission de mouvement. Et à la fin de ce chapitre, on estime le coût de cette machine et on le compare avec le coût des machines présentes dans le marché ayant les mêmes caractéristiques pour connaitre la faisabilité de ce projet.

CHAPITRE 1

Etude Bibliographique

1. Introduction et Problématique

La société Compagnie de Phosphate de Gafsa CPG est la responsable de l'extraction de phosphate dans cinq mines : Kef Chfayer et Kef Eddour de Metlaoui, Redayef, Moularès et Mdhilla. La maintenance des tous équipements et les études se font à la Direction de Maintenance et Matériels DMM à Métlaoui. Cette direction constituée de 8 ateliers. Parmi ces ateliers on trouve l'atelier de construction métallique qui est le responsable de la production. Parmi les travaux dans cet atelier la construction des citernes, des châssis, des semi-remorques, des composants de traxes et bulle doseurs... Il est constitué de plusieurs machines telles que les fraises, les tours, les centreuses, un machine de soudure (non fonctionnelle) et un oxycoupeuse optique pour le découpage de tôles (non fonctionnelle).Les opérateurs découpent les tôles manuellement. Cette opération prend beaucoup de temps pour découper une tôle avec une marge d'erreur élevée (erreur de dimensionnement et erreur géométrique). Pour ces raisons, on a proposé de réaliser une machine commandée numériquement par ordinateur pour optimiser le temps de découpage et obtenir des pièces précises.

Dans ce chapitre on va étudier les différentes méthodes de découpage de tôles pour choisir le procédé le plus convenable aux travaux de découpages dans l'atelier.

2. Types de découpage

Le découpage est un procédé de fabrication de pièces. Il existe deux procédés de découpages, le découpage classique à l'aide d'un poinçon, c'est une sorte de cisaillage le long d'une tôle afin d'obtenir un pourtour défini selon une forme et des cotes précises. Ce type de découpage nécessite d'utiliser des tôles très minces afin d'obtenir des formes simples (découpage suivant une ligne). Le deuxième procédé est le découpage thermique par fusion locale de la matière, il se fait à l'aide d'une source de chaleur qui doit atteindre la température de fusion des métaux. Les avantages de cette procédure sont la rapidité de l'opération, le temps de préparation, de découper des tôles épaisses jusqu'à 100 mm d'épaisseur et d'obtenir des formes complexes.

3. Principe de découpage thermique

Le découpage des métaux est une opération courante de préparation des pièces et des joints d'assemblage. Lorsque c'est possible, on utilise un procédé mécanique plus simple, plus rapide, moins coûteux et qui occasionne moins de déformation du métal. Cependant, en fonction des types de coupes (formes), de l'épaisseur du métal à découper et de la disponibilité des équipements, on peut recourir à des techniques de découpage thermique au gaz ou à l'arc, telles que l'oxycoupage ou le découpage au jet de plasma. Lorsqu'on coupe un métal à l'aide d'une méthode de découpage thermique, il est important que la surface à couper soit bien nettoyée, notamment parce que la présence de saletés ou d'impuretés nuit à la vitesse de coupe et entraîne un gaspillage d'oxygène.

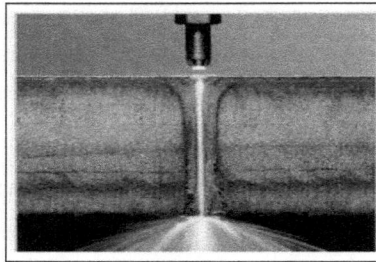

Figure 1. *Principe de découpage thermique*

4. Procédés de découpage [1]

Il existe plusieurs procédés de découpage thermique tel que l'oxycoupage, découpage par plasma et découpage laser.

4.1. L'oxycoupage

4.1.1. Principe de fonctionnement

Le principe de l'oxycoupage consiste à produire, sous l'effet de la chaleur, l'oxyde de fer sur un métal ferreux grâce à l'injection d'oxygène. L'oxyde de fer ainsi créé fond et s'écoule sous la pression des gaz, la coupure du métal est alors réalisée.

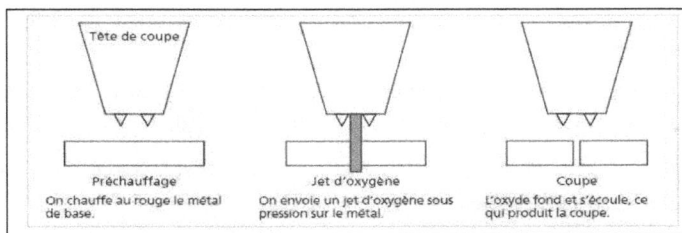

Figure 2. *Principe de l'oxycoupage*

4.1.2. Matériaux découpés

L'oxycoupage permet de découper des métaux ferreux dont la quantité de carbone ne dépasse pas 1,97 % (c'est-à-dire la plupart des aciers). Il convient particulièrement au découpage des aciers doux. Le procédé est relativement rapide, facile et peu coûteux. Il nécessite un peu d'entretien et s'utilise dans les chantiers. L'oxycoupage peut s'effectuer au moyen d'un chalumeau coupeur complet, qui contient une tubulure d'oxygène et qu'on relie directement aux boyaux de gaz à la place du chalumeau soudeur. Autrement, on peut connecter une lance de découpe au chalumeau soudeur. On peut dans ce cas couper des pièces de 100 mm d'épaisseur ou moins.

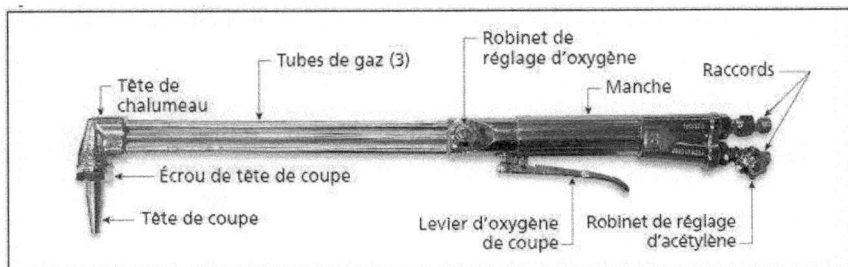

Figure 3. *Chalumeau coupeur*

Il existe de nombreuses têtes de coupe que l'on peut utiliser avec le chalumeau soudeur. Le choix de l'une ou l'autre dépend du type de gaz utilisé, de l'épaisseur du métal à couper et de la vitesse d'avance durant le découpage. Les têtes sont numérotées en fonction de l'épaisseur du métal à découper.

4.1.3. Gaz utilisés

L'oxycoupage utilise deux types de gaz. L'oxygène constitue le gaz comburant ou oxydant et sert à oxyder le métal. Afin de permettre l'opération d'oxycoupage, l'oxygène doit être pur à au moins 95%. Le deuxième gaz est un gaz combustible ou carburant qui, activé par l'oxygène, sert de source de chaleur.

4.2. Plasma

4.2.1. Principe de fonctionnement

Le découpage au jet de plasma utilise un arc plasmagène pour effectuer la coupe à travers le métal. On l'appelle arc plasmagène parce que le gaz qui le constitue est à un stade tellement chaud sous pression élevée qu'il s'ionise (c'est-à-dire que les électrons se séparent de leur noyau) et prend une forme quasi solide. Ce gaz est en mesure de fondre et d'expulser le métal afin de réaliser le découpage. La figure suivante illustre l'embout d'une torche de découpage au jet de plasma.

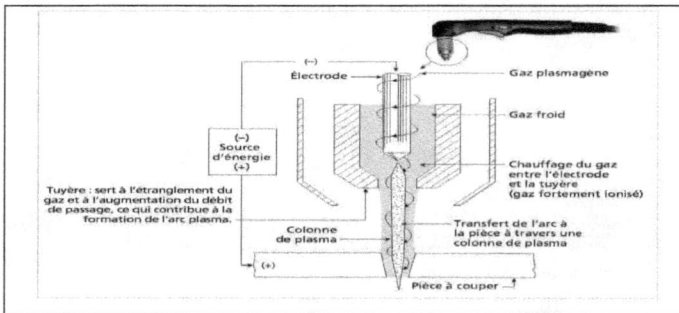

Figure 4. *Schéma de l'embout d'une torche plasma*

L'arc plasma peut être transféré ou non transféré. Dans le premier cas, la pièce fait partie du circuit électrique et le découpage est plus efficace, mais lorsque les pièces sont non conductrices (isolants de courant), elles ne font pas partie du circuit et on obtient un arc plasma non transféré.

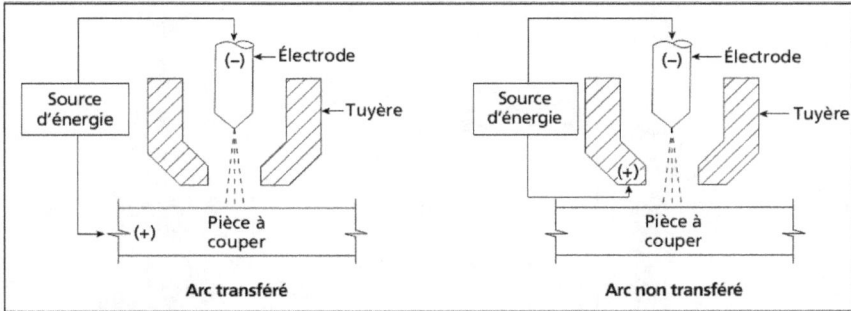

Figure 5. *Arc transféré et arc non transféré*

4.2.2. Matériaux découpés

Le procédé de découpage au jet de plasma permet de couper tous les types de métaux, notamment les aciers au carbone, les aciers inoxydables, la fonte, l'aluminium, le cuivre, le nickel et l'étain. Cependant, on recommande des épaisseurs maximales à découper de 25 mm pour l'acier et de 75 mm pour l'acier inoxydable et l'aluminium. Le découpage au jet de plasma est très précis et rapide. De plus, il ne requiert pas de préchauffage des pièces. Par contre, l'équipement est plutôt coûteux et le procédé plutôt bruyant.

4.2.3. Gaz utilisés

Le procédé de découpage au plasma utilise deux gaz. L'un d'eux passe autour de l'électrode et forme le plasma, c'est le gaz plasmagène. Le deuxième, généralement de l'air comprimé, passe à l'extérieur de la tuyère et sert au refroidissement : c'est le gaz secondaire. Souvent, on utilise l'air comprimé pour remplir les deux fonctions.

4.3. Laser

4.3.1. Principe de fonctionnement

La focalisation d'un rayon laser permet de chauffer jusqu'à la vaporisation une zone réduite de matière. Les lasers couramment utilisés ont une puissance de 4 kW mais les sources peuvent varier de quelques watts à plus de 7 kW. La puissance est adaptée en fonction du matériau et de l'épaisseur à découper.

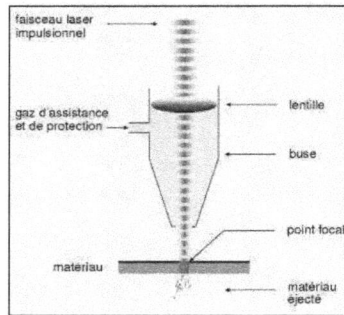

Figure 6. *Principe de découpage laser*

4.3.2. Matériaux découpés

Ce procédé permet une découpe précise, nette et rapide de nombreux matériaux plus que 100 mm d'épaisseur. La découpe se fait sans effort sur la pièce et la zone affectée thermiquement (ZAT) est assez faible (de l'ordre de 0,5 mm sur les métaux) ce qui permet d'avoir des pièces très peu déformées. La réalisation de trou est facile mais leur diamètre doit être au moins égal à l'épaisseur de la tôle quand cette tôle est supérieure à 10 mm. Par exemple il est possible de faire un trou utilisable de 5 mm pour une tôle d'acier d'épaisseur 8 mm. La découpe s'effectue sur des plaques de matière ce qui donne généralement des objets plat une fois découpés. Certains matériaux, comme l'argent ou le cuivre sont toutefois plus difficiles à découper au laser à cause de leur fort pouvoir réfléchissant. Dans ce cas, il vaut mieux utiliser la découpe par jet d'eau à haute pression.

4.3.3. Gaz utilisés

Il est nécessaire d'utiliser un gaz additionnel dans la zone de découpage pour améliorer l'efficacité (argon, azote, O2). Souvent, il est aussi possible de graver (texte, etc.) avec la même machine.

5. Comparaison entre les différents procédés de découpage de tôles [2]

Caractéristiques	Oxycoupage	Plasma	Laser
Pollution/Hygiène/Sécurité	Émission de CO_2, Sans danger, simple risque d'éblouissement	Synthétise des oxydes d'azote, rayonnement ultra violet	Libérer des volatils dangereux, gaz dangereux, réflexion de fuseau laser à la surface de tôle
Fluide mis en œuvre	Oxygène + combustibles (acétylène, propane...)	Gaz plasmagènes (argon-hydrogène, azote-hydrogène, azote-argon-hydrogène)	Azote-oxygène
Equipement nécessaire	Chalumeau, sources de gaz, dispositif de palpage	Torches plasma, sources de gaz, coffrets de gestion des fluides, groupes de refroidissement, aspirateur des fumées	Tête de focalisation à lentille, sources de gaz, groupes de refroidissement
Vitesse de coupe	De 1 mm/min jusqu'à 20 cm/min	Peuvent atteindre 200 cm/min	Peuvent atteindre 300 cm/min
Matériaux découpés	Aciers non alliés ou faiblement alliés	Tous matériaux conducteurs de l'électricité	Tous matériaux volatilisables, fusibles, combustibles (plastiques, tissus, cuirs, cartons, contreplaqué...)
Epaisseur possible	Entre 3 mm et 200 mm	Quelques dixièmes de millimètres jusqu'à 200 mm	Quelques dixièmes de millimètre à 20-25 mm sur aciers de construction, à 12-15 mm sur aciers inoxydables et à 5-6 mm sur alliages d'aluminium
Précision de coupe (intervalle de tolérance)	De 1 à 2 mm	De 0,5 à 1 mm	Très élevée

Tableau 1. *Caractéristiques des différents procédés de découpage*

La figure suivante représente la précision de différents procédés en fonction de l'épaisseur à découper :

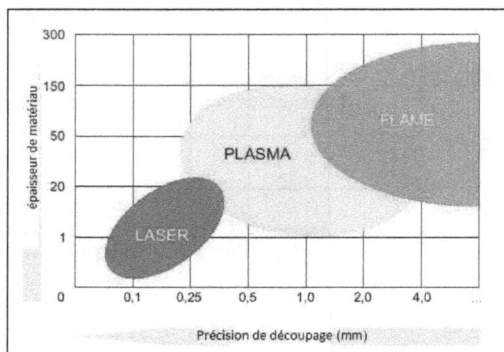

Figure 7. *Graphe précision-épaisseur des trois procédés de découpage*

Après comparaison entre les différents procédés de découpage de tôles, on choisit le procédé le plus convenable avec les critères souhaités. Le tableau suivant montre les procédées convenables aux différents critères souhaités :

Critères	Procédées convenables
Epaisseur atteint 100 mm	Oxycoupage, plasma, laser
Faible prix des matériels	Oxycoupage, plasma
Rapidité de découpage	Plasma, laser
Précision de découpage élevé ($\pm 0.5\ mm$)	Plasma, laser

Tableau 2. *Choix du procédé suivant les critères souhaités*

Le procédé le plus adéquat aux critères souhaités est le plasma. Donc on choisit ce procédé de découpage pour la machine de découpage de tôles à concevoir.

6. Machines CNC de découpage de tôle

6.1. Définition

Une machine-outil à commande numérique (MOCN, ou simplement CNC) est une machine-outil dotée d'une commande numérique.

Figure 8. *Exemple d'une machine à commande numérique*

6.2. Types des machines CNC de découpage plasma

Il existe plusieurs types des machines CNC industrielles de découpage de tôles par plasma selon le nombre des axes :

➤ machine CNC à deux axes (X : suivant la plus longue distance de la table porte tôle, Y : perpendiculaire à l'axe X et sur le même plan de la table).

➤ machine CNC à trois axes (X : suivant la plus longue distance de la table porte tôle, Y : perpendiculaire à l'axe X et sur le même plan de la table et l'axe Z : parallèle au sens d'orientation de l'outil et perpendiculaire à la table).

> machine CNC à cinq axes (possède les même trois axes X, Y et Z avec deux autres axes rotatives A et B. L'axe A est la rotation de la torche autour de l'axe X et l'axe B est la rotation de la torche autour de l'axe Y).

Les deux figures suivantes représentent des exemples de machines à commande numérique :

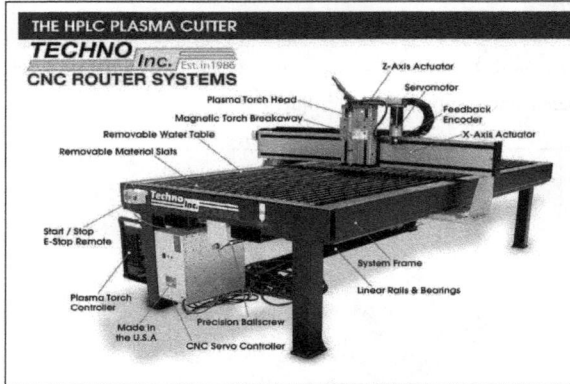

Figure 9. *Machine CNC de découpage de tôles à trois axes*

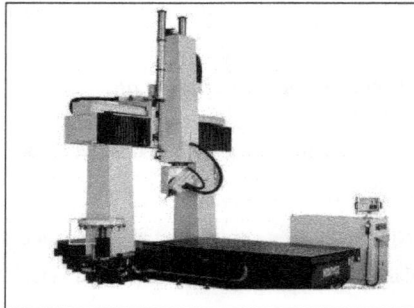

Figure 10. *Machine CNC de découpage de tôle à cinq axes*

Les machines CNC de découpage à cinq axes sont généralement utilisées lorsqu'on veut découper des pièces à partir des tôles cylindriques, aussi pour obtenir des pièces 3D. Pour notre cas, le découpage se fait à partir des tôles planes, donc il est suffisant d'utiliser une machine à trois axes : les axes X et Y pour le déplacement dans le plan de la table et l'axe Z pour rapprocher et éloigner l'outil plasma de la tôle.

CHAPITRE 2

Analyse fonctionnelle & choix technologiques

1. Introduction

L'étude concerne la conception d'une machine à commande numérique pour le découpage des tôles d'acier par plasma et qui doit être précis pour obtenir des produits finis directement sans passer à d'autre opération d'usinage. Le but est de pouvoir déplacer l'outil (torche plasma) sur trois axes, à partir d'un ordinateur. On cherche la précision de la machine et la minimisation de coût de projet par l'utilisation des composants existants dans l'atelier de construction métallique et d'autre part d'essai de fabriqué d'autres composants.

Dans ce chapitre on va faire une étude qui dépend de plusieurs critères pour choisir les différentes solutions technologiques de la machine de découpage des tôles.

2. Analyse fonctionnelle

2.1. Etude du besoin

2.1.1. Expression du besoin

La machine à commande numérique de découpage de tôles est l'un des types des machines le plus utilisées dans le domaine de construction métallique vu à son adaptation à tous les besoins industriels dans ces domaines et son précision, rapidité et la simplicité.

2.1.2. Enoncé du besoin

Il s'agit d'exprimer d'une manière concise et précise les buts de l'étude du système en posant les trois questions suivantes :

- ➢ A qui rend-t-il service (A quoi ?)
- ➢ Sur qui (sur quoi) agit-il ?
- ➢ Dans quel but ?

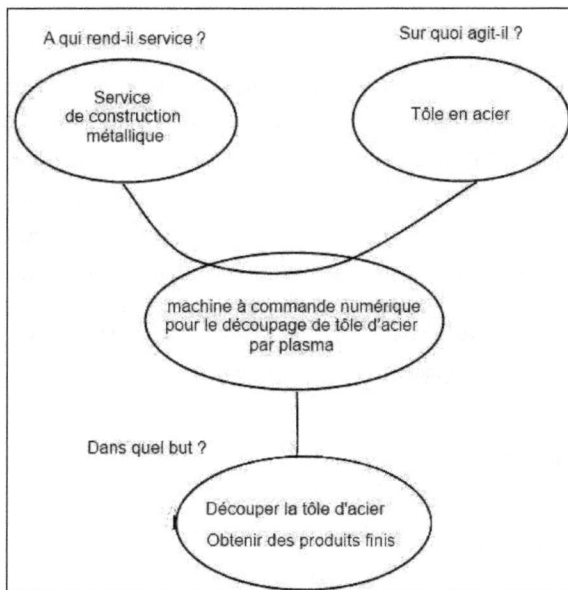

Figure 11. *Diagramme bête à cornes*

2.1.3. Diagramme de pieuvre

Les fonctions de service peuvent être hiérarchisées en fonctions principales et fonctions complémentaires :

- Fonctions principales FP : ce sont les fonctions qui justifiant la création du produit.

- Fonction complémentaires FC : ce sont les fonctions qui font une relation entre le produit et les éléments environnants sur lequel il est agissent.

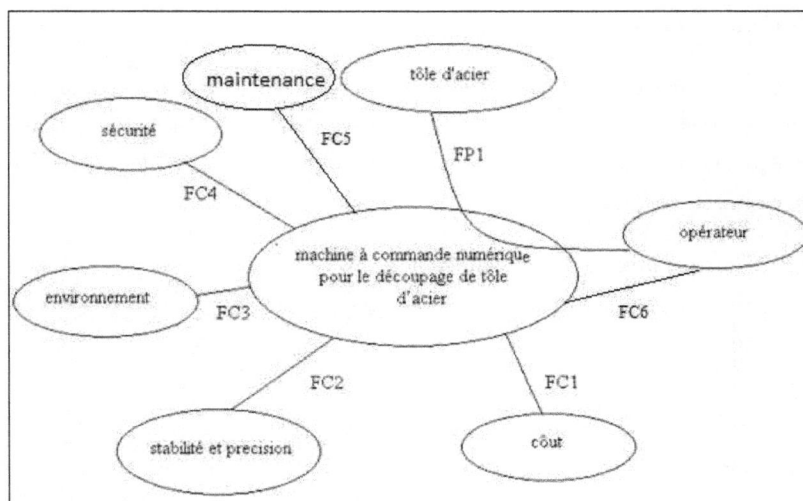

Figure 12. *Diagramme pieuvre*

FP1 : permettre à l'opérateur de découper la tôle d'acier en formes souhaitées automatiquement.

FC1 : optimiser le coût de la machine.

FC2 : Etre stable et précis pour obtenir des produits finis.

FC3 : Résister aux conditions environnementales.

FC4 : Protéger l'opérateur lors de découpage de tôle.

FC5 : Simplifier la maintenance en conservant la rapidité.

FC6 : simplifier l'utilisation et le contrôle de la machine.

2.2. Caractérisation des fonctions de service

L'analyse des caractères des fonctions de service permet à la suite de faciliter et d'optimiser l'étude de la machine. En effet, les critères qui constituent ces fonctions de service peut être discutables. Chaque critère peut être impératif, c-à-d il doit être respecte rigoureusement, ou négociable.

2.2.1. Classe et niveau de flexibilité

Flexibilité	Classe de flexibilité	Niveau de flexibilité
Nulle	F0	Impératif
Faible	F1	Peu négociable
Bonne	F2	Négociable
Forte	F3	Très négociable

Tableau 3. *Classe et niveau de flexibilité*

2.2.2. Caractérisation

Fonction	Critères	Niveau	Flexibilité
FP1	Découper toutes les formes	Suivre les dessins CAO par des instructions G-codes	F0
FC1	Composants réutilisables	Support, table...	F1
	Fabriquer des composants	Plaques, tiges...	F1
	Composants standard	Faible coût	F2
FC2	Choix de la technologie	Technologie précise	F0
	Résistance des matériaux	Pas de déformations élevées	F1
	Intervalle de tolérance	Fonctionnelle	F0
FC3	Mécanisme de mouvement protégé contre les poussières		F0
FC4	Protéger les yeux	Lunettes	F0
	Arrêt d'urgence	Botton d'urgence	F0
	Eliminer les impuretés de découpage	Bain d'eau sous la table	F2
FC5	Simplicité et rapidité de la maintenance	Pièces de rechange disponibles et accès facile aux différents composants	F0
FC6	Minimiser les tâches par l'automatisation	Minimiser le nombre des boutons	F0

Tableau 4. *Critères des fonctions*

2.3. Hiérarchisation des fonctions de service

Pour chaque couple de fonctions, on utilise une variable réelle positive qui quantifie le degré d'importance relatif, et ceci selon le tableau suivant :

Note	Degré d'importance relative
0	Equivalence (pas de supériorité)
1	Légèrement supérieur
2	Moyennement supérieur
3	Nettement supérieur

Tableau 5. *Classe des priorités des fonctions*

On va maintenant comparer les différentes fonctions de service par la méthode de tri croisé à fin de dégager les fonctions les plus importantes.

	FC1	FC2	FC3	FC4	FC5	FC6	points	%
FP1	FP1 2	FP1 2	FP1 3	FP1 3	FP1 2	FP1 2	14	31.11
	FC1	FC2 1	FC1 2	FC4 2	FC5 1	FC1 3	5	11.11
		FC2	FC2 2	FC4 1	FC2 2	FC2 3	8	17.77
			FC3	FC4 3	FC5 2	FC3 2	2	4.44
				FC4	FC4 1	FC4 3	10	22.22
					FC5	FC5 3	6	13.35
						FC6	0	0
						total	45	100

Tableau 6. *Comparaison entre les fonctions*

Représentation de la priorité entre les fonctions de services :

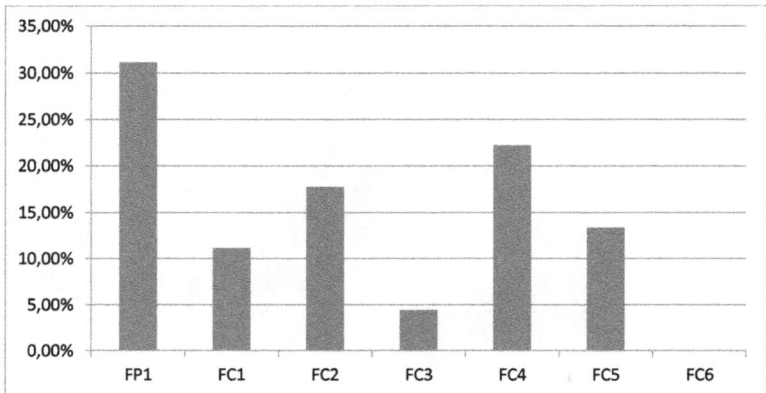

Figure 13. *Histogramme*

2.4. Interprétations

On remarque que la fonction de service FP1 « la machine permet à l'opérateur de découper la tôle d'acier en formes souhaitées automatiquement » présente le pourcentage le plus important. En effet, ceci est vrai puisque la fonction traduit bien l'objectif du projet.

On remarque que les fonctions de services FC2 « la machine doit être stable et précise pour obtenir des produits finis», FC4 « l'opérateur doit être protégé lors de découpage» et FC5 «utiliser des pièces de rechanges et démontables » présentent des poids importants car elles donnent une valeur à notre machine. La fonction FC6 a un poids faible ce qui signifie qu'elle est jugée moins importante et non inutile puisqu'elle a été validée précédemment. Lors de l'élaboration du produit, il faut donner une très grande importance à la fonction de service présentant un pourcentage assez important mais sans négliger, toutefois, les autres qui se manifestent moins importantes.

3. Analyse fonctionnelle technique

3.1. Diagramme FAST

Lorsque le besoin est déjà identifié, le concepteur doit chercher une solution technique qui lui permet de satisfaire ce besoin.

Pour atteindre cette finalité, il faut procéder à une démarche rationnelle qui se traduit par une analyse descendante en convertissant les fonctions de service en fonctions techniques de plus en plus élémentaires, et ceci en se basant sur le diagramme FAST. On présente ci-après les différents diagrammes relatifs aux fonctions de services :

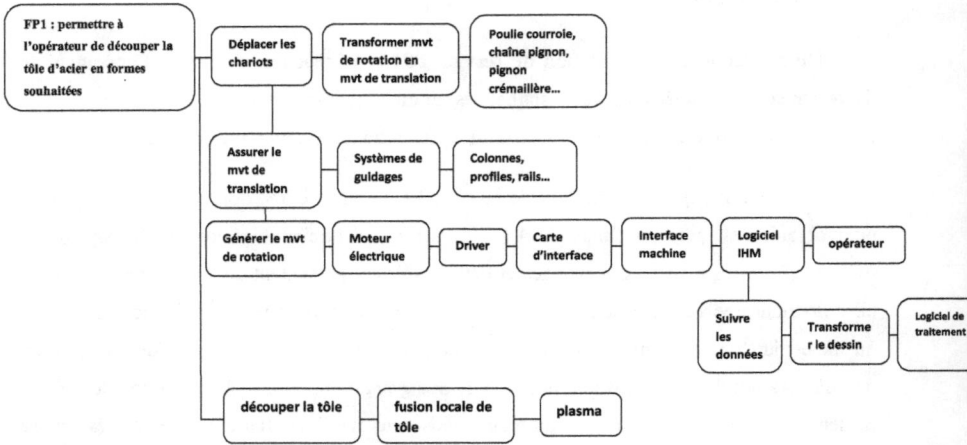

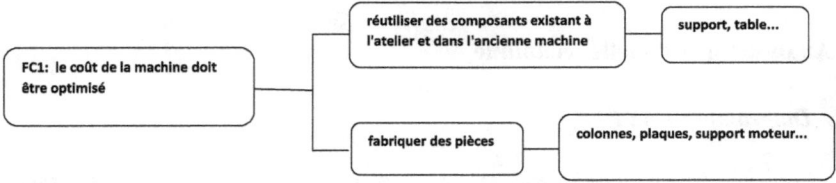

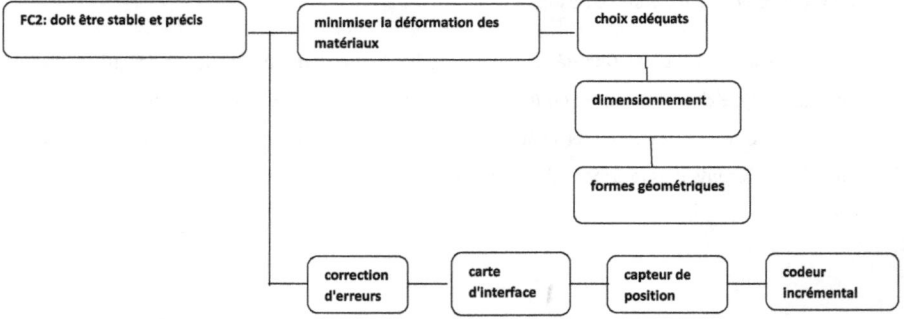

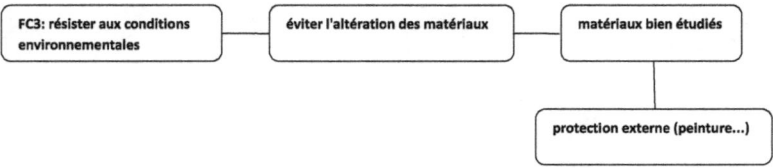

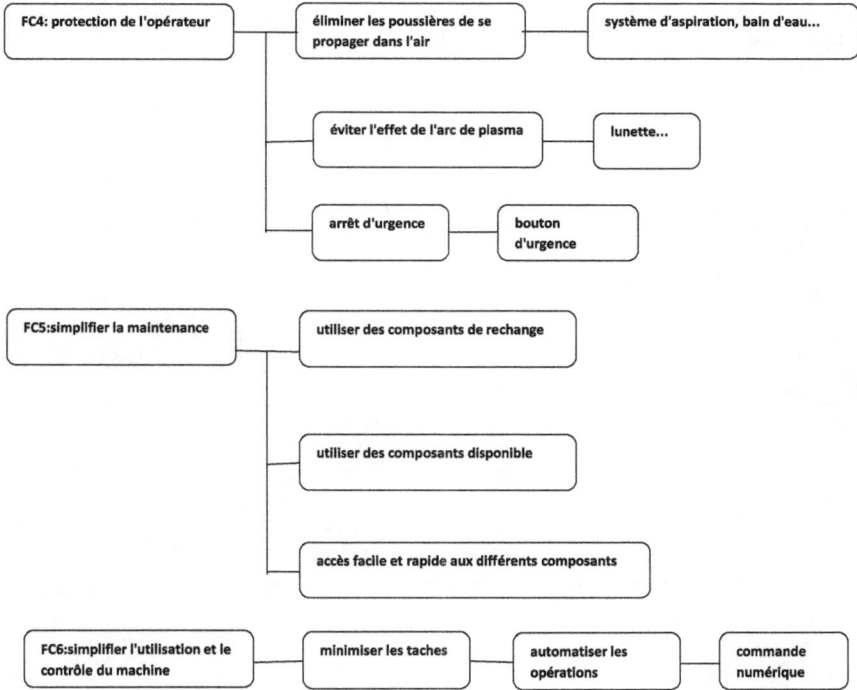

3.2. Diagramme SADT

C'est une méthode utilisée pour décrire la fonction globale d'un système.

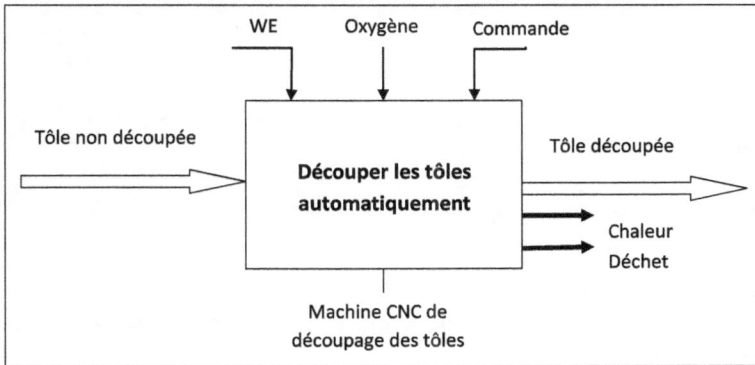

Figure 14. *Actigramme A-0*

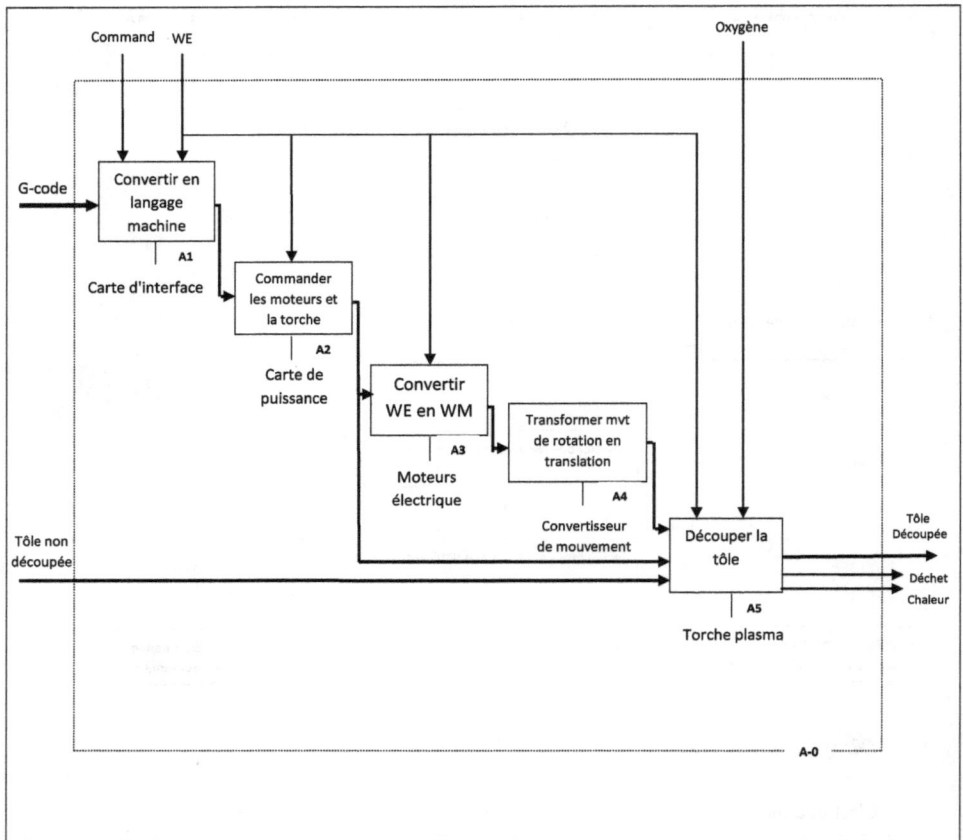

Figure 15. *Actigramme A-1*

4. Éléments constitutifs

La machine est à trois axes et composée principalement de :

➤ Partie mécanique

Portique, outil, porte outil, support outil, table porte tôle, support, systèmes de guidage pour les différents éléments de translation.

➢ **Partie commande**

Moteurs, Cartes de puissances (drivers), capteurs postions, carte interface, interface machine, ordinateur, logiciel extraction des données.

4.1. Partie mécanique

➢ **Portique**

L'élément qui fait la translation, suivant la direction X (parcours le plus long), s'appelle portique qui est constitué principalement par une poutre. Cette poutre porte les autres éléments de la machine.

➢ **Outil**

Le système de découpage par plasma de type cemont 40 MC [annexe 1] est composé de deux parties, l'un est le générateur d'oxygène de 5.5 bar et de courant et qui offre trois niveaux, la première est de 50A pour découper les tôles de 40 mm d'épaisseur, la deuxième est de 85A pour découper les tôles de 70 mm d'épaisseur et la troisième niveau est 120A pour découper les tôles qui atteindre 100 mm d'épaisseur. L'autre partie est la torche plasma CCT 4000 qui est manipulé manuellement.

➢ **Support outil**

Avec la porte outil, on peut fixer la torche de plasma actuelle facilement et avec serrage, il doit résister contre la haute température.

Le porte outil fait un mouvement de translation verticale, suivant la direction Z, pour rapprocher à la tôle lors de découpage et s'éloigne lorsque l'opération est terminée, ce mouvement est par rapport à porte outil.

➢ **Porte outil**

C'est l'élément qui lié le support outil au portique, cette liaison se fait par un système de guidage pour amener le déplacement vertical de support outil. Le porte outil fait lui-même un mouvement de translation, suivant la direction Y, par rapport à le portique par un autre système de guidage.

➤ **Table**

Il existe deux types de table ; une table indépendant de support de la machine et autre est intégré, l'avantage de la première table est démontable donc changeable mais n'est été pas stable et ne garde pas leur coordonnée par rapport à l'origine machine par contre l'autre table est stable et on peut fixer l'origine, donc assurer la précision de découpage.

Les installations de coupe thermique (oxycoupage, plasma, laser) génèrent des poussières et des gaz que la législation impose de capter au plus près de leur point d'émission et de rejeter à l'extérieur des locaux. Cette opération pourrait être effectuée par un simple extracteur de fumées mais les impératifs environnementaux imposent de dépoussiérer l'air aspiré avant de le rejeter dans l'atmosphère. Ceci conduit à la nécessité d'un dispositif d'aspiration et de filtration des poussières ou pour minimiser le coût on peut utiliser une table qui contient de l'eau.

➤ **Support**

Le support qui porte toutes les éléments de la machine doit être rigide, stable pour améliorer la précision, supporte la charge.

➤ **Systèmes de transmission de mouvements**

On a à convertir un mouvement de rotation (sortie du moteur électrique) en un mouvement de translation (déplacement du mobile). Pour assurer le mouvement des chariots il faut mettre des systèmes de guidage, pour le mouvement de translation il existe plusieurs solutions, les principaux convertisseurs mécaniques utilisés sont :

1. Système Vis-Ecrou
2. Pignon-Crémaillère
3. Courroie crantée
4. Bielle-Manivelle
5. Came-Levier

➤ **Le guidage**

On utilise les systèmes des guidages pour assurer le mouvement des éléments mobiles de la machine, les systèmes les plus utilisables sont :

1. Colonnes + douilles à billes

2. patins ou rails

3. profilés aluminium

4. guidages prismatiques

La plupart réduisent considérablement le problème du frottement par l'introduction d'éléments roulants entre les surfaces en déplacement relatif.

4.2. Partie commande

Synoptique du schéma électrique :

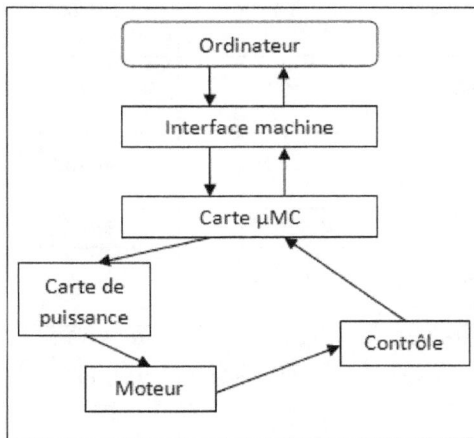

Figure 16. *Synoptique du schéma électrique*

> ➤ **Moteurs**

Il est nécessaire de choisir les moteurs, car un mauvais dimensionnement de ces éléments présente un problème pour ce projet.

Dans notre travail, nous avons besoin trois moteurs qui doivent être de haute précision, faible coût, couple et puissance moyennes et de faible poids.

Caractéristiques	Moteur asynchrone	Moteur pas à pas	Moteur à C.C	Moteur Auto-Synchrone
Variation de vitesse	1 à 20	1 à 100	1 à 20 000	1 à 20 000
Vitesse maximale	3 000 tr/mn	1 500 tr/mn	4000 tr/mn	3000 tr/mn à 10000 tr/mn
Couple maximum	1 500 N.m	50 N.m	200 N.m	400 N.m
Réponse	Moyenne	Bonne	Bonne	Excellente
Relations avec la PC	Très difficile	Très facile	Facile	Très facile
Stabilité	0,5 à 2%	0,5 à 2%	0,1 à 0,3 %	0,1 à 0,3 %
Poids	Faible	Moyen	Lourd	Massique
Fiabilité	Excellente	Bonne	Moyenne	Excellente
Coût	Bas	Moyen	Élevé	Très Elevé

Tableau 7. *Comparaison entre les moteurs électriques*

L'utilisation du moteur pas à pas représente la solution la plus adéquate, car il est commandé facilement et qui donne une précision très élevée. Ce choix est le même pour les trois moteurs de notre machine.

> **La carte de puissance**

La carte de puissance nous permettra à partir des sorties de la carte d'interface de fournir l'énergie nécessaire au bon fonctionnement de notre moteur.

Caractéristiques	Moteur asynchrone + convertisseur	Moteur pas à pas + driver	Moteur cc + hacheur	Moteur Synchrone + convertisseur
Vitesse maximale	3 000 tr/mn	1 500 tr/mn	4000 tr/mn	3000 tr/mn à 10000 tr/mn
Gamme de vitesse	1 à 50	1 à 1000	1 à 10000	1 à 30000
Possibilité de vitesse nulle	Non	Oui	Oui	Oui
Rapidité de réponse	Bonne	Excellente	Très bonne	Excellente
Coût	Elevé	Moyen	Elevé	Très Elevé

Tableau 8. *Comparaison entre les solutions de carte de puissance*

> **Carte d'interface**

Afin de donner une vitesse et un temps de fonctionnement aux moteurs, l'utilisation de la carte d'interface, qui constitué d'un micro-processeur, est indispensable. La solution retenue consiste à utiliser une carte ardouino. Beaucoup d'avantages en découlent :

- Programmation en langage C : Rapidité de développement.
- Pas besoin d'utiliser systématiquement un PC pour utiliser la table, grâce aux boutons présents sur la carte ou/et l'interface machine.
- Permets de gérer à la fois les signaux de commande motrice, ainsi que la liaison avec le PC, et permets de programmer différents modes de fonctionnement, dans le cas d'un moteur pas à pas.

- Souplesse pour des évolutions futures: cette carte peut être reprogrammée pour améliorer ou optimiser le programme sans changer le matériel existant.
- Peut gérer de manière simple un système de correction d'erreur.
- Le prix de ce genre de carte s'étale entre une 50 DT jusqu'à 150 DT pour les modèles les plus chers.

> **Codeur incrémental**

Le codeur incrémental permettra de vérifier que le moteur réagit correctement aux commandes qu'on lui fournit. Le codeur renverra des salves, en fonction de l'état de rotation du rotor du moteur. Un codeur peut envoyer, par exemple, 1000 salves par tour, et avoir une fréquence de fonctionnement de 100 kHz maximum.

> **Interface machine**

Les interfaces machine sont des terminaux graphiques. Tous les éléments nécessaires au dialogue homme-machine sont disponibles en temps réel : boutons, lampes, alarmes, courbes, recettes, claviers ...le port Ethernet permet de partager les données machines sur intranet/internet pour construire les bases d'une vraie gestion de production. Elles intègrent les fonctions de commande des E/S. Ces interfaces disposent de toutes les fonctionnalités d'un Pupitre. Ces moniteurs à écran plat peu encombrants sont parfaits pour une installation sur porte d'armoire ou sur châssis machine.

Il y a beaucoup des produits dans le marché tel que Pro-face, Num, etc. mais les prix de ces produits étaient très élevés. Mais, on peut choisir une tablette tactile qui est relativement à faible coût et a tous les caractéristiques voulus.

> **Programmes de contrôle de la carte**

Le programme de contrôle de la carte permettra à l'ordinateur de piloter la machine. Le programme qui sera exécuté dans la carte ardouino devra fonctionner en parfaite symbiose avec l'ordinateur, ou sans l'ordinateur. Dans un premier temps, nous pouvons fixer une mini machine pour la réalisation de ce logiciel:

- La valeur exacte du positionnement doit être affichée, par une vérification des indicateurs d'erreurs.

- La machine doit pouvoir être piloté à partir de l'interface machine ou à partir de l'ordinateur.

- La vitesse et le sens de déplacement doivent être variables.

- Un bouton de mise à zéro (pour fixer l'origine de l'axe, sachant que notre système de positionnement est relatif).

5. Cahier des charges

Dimensions de la table	$3000 \times 2000 \times 450 \; mm$
Épaisseur de la tôle	Entre 1 et 100 mm
Vitesse de découpage	3 niveaux (dépend avec l'unité d'alimentation de torche plasma
Vitesse de déplacement maximale	$10 \; m/min$
Qualité de découpage	Précis
Outil de découpage	Torche plasma

Tableau 9. *Cahier des charges*

A la suite de projet on concerne l'étude mécanique de la machine, la partie commande sera faite par une autre équipe.

6. Choix de la solution

Le choix de cette partie mécanique est un compromis entre certains impératifs contradictoires (précision-coût par exemple). Le constructeur joue dans ce cas un rôle d'arbitre important pour la bonne marche du système.

La machine CNC à 3 axes de découpage des tôles se comporte de 3 systèmes, la première est la translation de portique suivant l'axe X, la deuxième est la translation de porte outil suivant l'axe Y et la troisième est la translation de support outil suivant l'axe Z.

Pour un problème d'encombrement on élime les systèmes bielle-manivelle et came-levier, on s'intéresse d'étudier le système vis-écrou, pignon-crémaillère et la chaine.

Dans cette partie on s'intéresse à l'étude cinématique de différentes solutions de mécanismes de la machine puis on fait le choix de la solution suivant les critères imposé pour notre machine (rigidité, précision, prix, maintenance...), ensuite on fait le choix de type de guidages pour les différents systèmes (portique, porte outil, support outil).

6.1. Système de translation de portique

6.1.1. 1ère Solution: Système vis-écrou

➢ Description du mécanisme

Le guidage du portique se fait par deux liaisons glissières avec le support, la translation de cet élément se fait par un système vis-écrou qui transforme le mouvement de rotation du moteur à un mouvement de translation.

➢ Schéma cinématique et calcul d'hyperstatisme

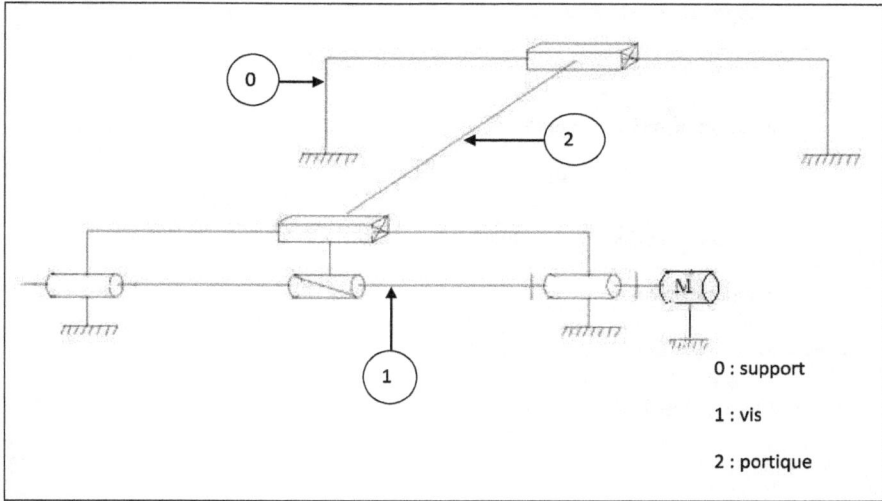

Figure 17. *Schéma cinématique de transmission par vis-écrou*

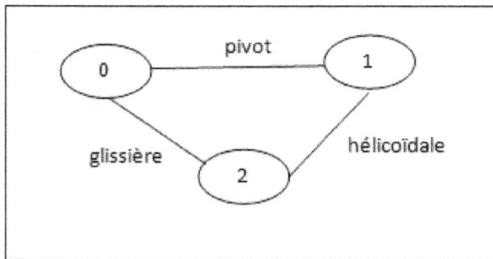

Figure 18. *Graphe de liaison de solution n° 1*

$$h = m + Ns - 6(n - 1) \tag{1}$$

avec   h: degré d'hyperstatisme

         m: degré de mobilité

         mi: degré de mobilité inutile

         mu: degré de mobilité utile

         Ns: nombre des inconnues statique des liaisons

         n: nombre des pièces

$$= mi + mu + Ns - 6(n - 1)$$

$$= 0 + 1 + (5 + 5 + 5) - 6 \times 2$$

$$= 4$$

Il y a 4 conditions géométriques pour rendre le système isostatique. On peut dire qu'il faut éliminer la flexion de la vis, c.-à-d. éliminer les charges radiales suivant Z et Y et les moments autour de Z et Y.

➢ Avantages

- précision élevée.

- irréversible (si le moteur en arrêt le chariot est bloqué et ne peut pas se déplacer).

➢ Inconvénients

- coût élevé

- frottement

- usure

6.1.2. 2ème Solution: Système à chaine fixe

> Description du mécanisme

Le mouvement de translation du portique se fait à l'aide de 2 liaisons glissières sur les 2 frontières du support, le moteur entraine un pignon principal qui est en contact avec une chaine fixe sur les deux extrémités de support, il existe deux pignons auxiliaires pour mettre en position la chaine sur les dents du pignon principal.

> Schéma cinématique et calcul d'hyperstatisme

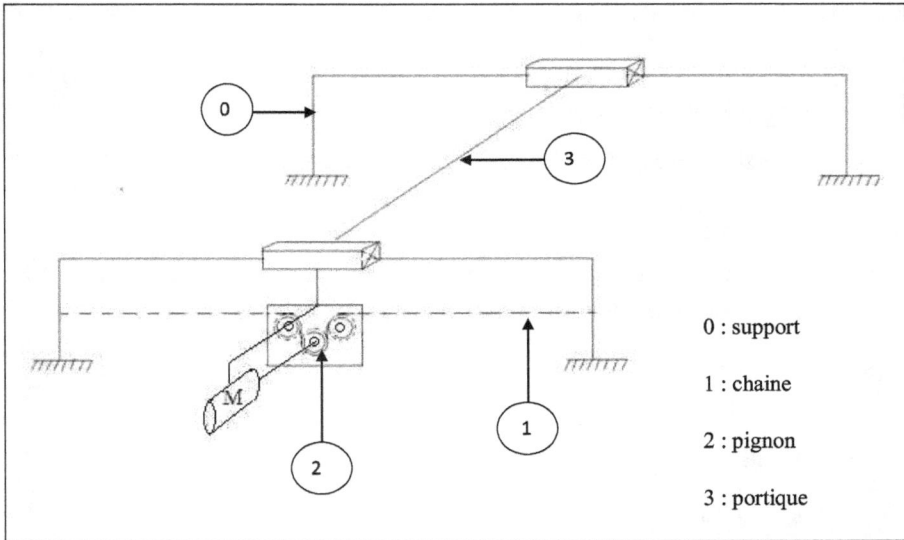

0 : support

1 : chaine

2 : pignon

3 : portique

Figure 19. *Schéma cinématique de transmission par chaine fixe et pignon*

La liaison entre le support et la chaine est encastrement donc on ne l'utilise pas la chaine dans le graphe de liaison.

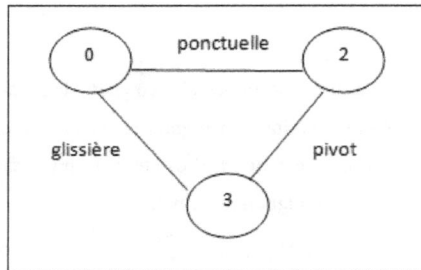

Figure 20. *Graphe de liaison de la solution n°2*

D'après l'équation (1) on trouve le degré d'hyperstatisme est :

$$h = 0 + 1 + (5 + 5 + 1) - 6 \times 2$$

$$= 0$$

Le système est isostatique, il n'y a pas des contraintes géométriques sévères ce que signifié qu'il n y a pas de coincement dans le mécanisme lors de fonctionnement.

➤ Avantages
- simple
- précis
- coût faible

➤ Inconvénients
- réversible
- poids de moteur ajouté au chariot

6.1.3. 3ème solution: système à chaine mobile

➤ Description du mécanisme

Le mouvement de translation du portique assurer par deux liaisons glissières sur les deux frontières de support, un moteur entrainé un chaine par une roue fixé sur l'extrémité de support. Cette chaine est encastré au portique par un tendeur donc lors de mouvement de chaine le portique se déplace.

➤ Schéma cinématique et calcul d'hyperstatisme

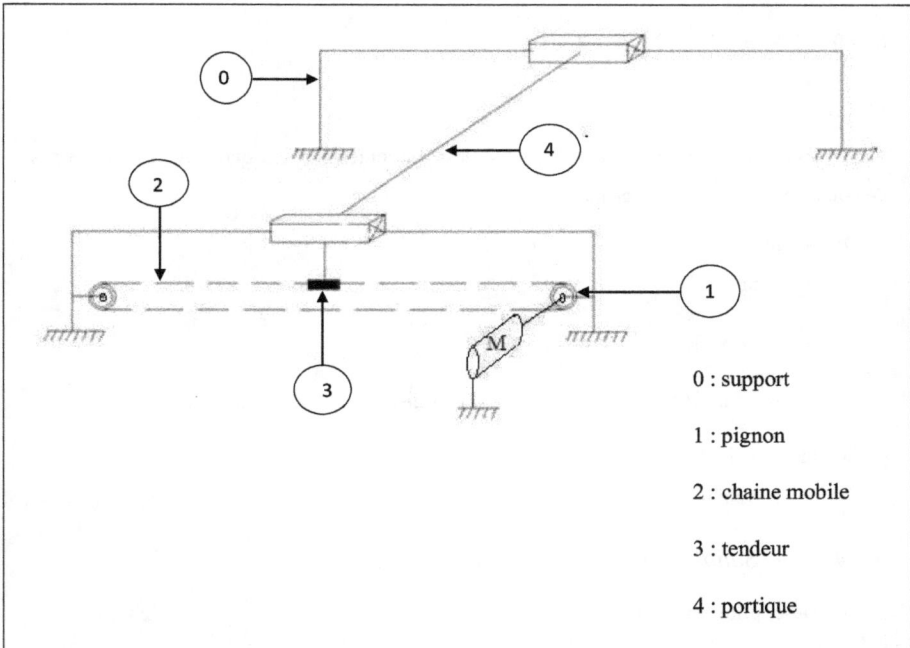

Figure 21. *Schéma cinématique de transmission par chaine mobile et pignon*

Le tendeur est encastré sur la chaine et le portique donc on ne l'utilise pas dans le graphe de liaison.

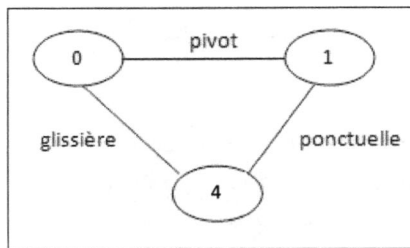

Figure 22. *Graphe de liaison de la solution n°3*

On calcule le degré d'hyperstatisme d'après l'équation (1) :

$$h = 0 + 1 + (5 + 5 + 1) - 6 \times 2$$

$$= 0$$

Le système est isostatique, il n'y a pas des contraintes géométriques sévères il n y a pas de coincement dans le mécanisme.

➤ Avantages

- simple

- coût faible

- moteur est fixé sur la table c à d moins de poids sur le chariot,

➤ Inconvénients

- réversible

6.1.4. 4ème Solution: Système pignon crémaillère

➤ Description du mécanisme

Le guidage de portique par rapport à la support est assurer par deux liaisons glissières, le mouvement de rotation d'un moteur se transforme en translation à cause d'un système pignon crémaillère, ce qui donne le mouvement du portique.

➢ Schéma cinématique et calcul d'hyperstatisme

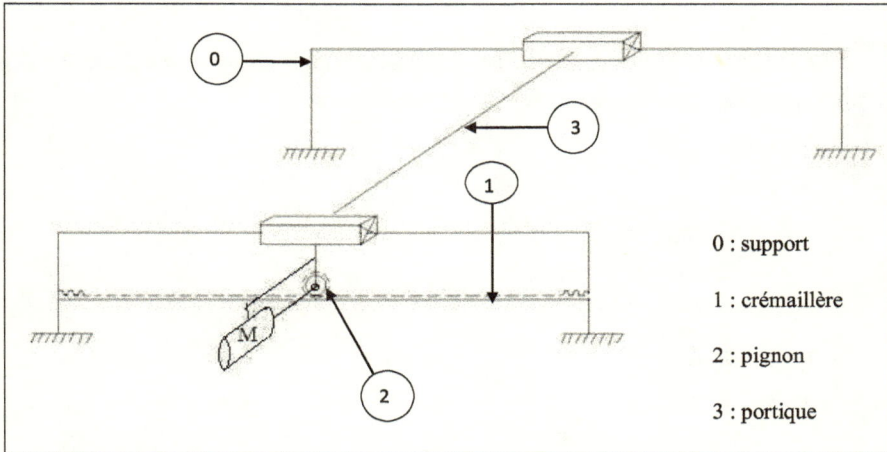

0 : support

1 : crémaillère

2 : pignon

3 : portique

Figure 23. *Schéma cinématique de transmission par pignon crémaillère*

La crémaillère est encastrée avec le support.

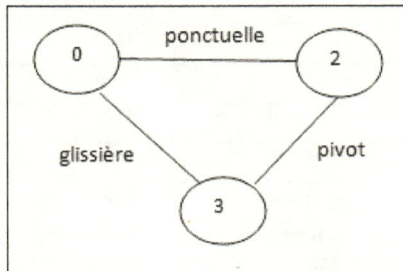

Figure 24. *Graphe de liaison de la solution n°4*

D'après l'équation d'hyperstatisme (1) on trouve le degré d'hyperstatisme est :

$$h = 0 + 1 + (5 + 5 + 1) - 6 \times 2$$

$$= 0$$

Le système est isostatique, il n'y a pas des contraintes géométriques sévères donc il n y a pas de coincement dans le mécanisme lors de fonctionnement.

➢ Avantages

- précision

- simple

- irréversible

➢ Inconvénients

- coût élevé

Caractéristique des systèmes de transmission de mouvement:

Caractéristiques	Vis écrou	Pignon crémaillère	Chaine fixe	Chaine mobile
Rendement	Bon	Bon	Très bon	Bon
Réversibilité	Non	Non	Oui	Oui
Frottement	Elevé	Moyen	Non	Non
Réduction de vitesse	Très importante	Importante	Moyen	Moyen
Robustes	Grand	Grand	Très grand	Grand
Vitesse de déplacement	Moyenne	Grande	Grande	Grande
Coût	Elevé	Moyen	Faible	Moyen
Maintenance	Faible	Moyen	Très Bon	Bon
Charge transportée	Moyen	Important	Faible	Faible

Tableau 10. *Comparaison entre les systèmes de transmission*

6.1.5. Tableau de comparaison

Remarque	Note
Faible	0
Moyen	1
Bon	2
Elevé	3

Tableau 11. *Notes de la comparaison*

D'après les caractéristiques données dans l'analyse fonctionnelle de la machine on fait le choix de solution.

Caractéristiques	Précision	Robuste	Maintenance	Coût minimum	Total
Solution 1	3	0	1	1	5
Solution 2	3	3	3	3	12
Solution 3	2	2	3	2	9
Solution 4	3	2	2	0	7

Tableau 12. *Comparaison entres les solutions*

6.1.6. Choix de la solution

La solution n° 2 : système à chaine fixe est la meilleur solution qui conforme aux caractéristiques souhaités.

6.2. Système de translation de porte outil

Les 2 mouvements suivant X et Y caractérisent par des mouvements combinés dans des distances longues (2 et 3 mètres). On choisit d'utiliser le même système de transformation de mouvement dans les 2 axes, pour le portique et le porte-outil, pour obtenir les mêmes caractéristiques et comportements (coefficient de frottement, jeux, erreurs...) aussi pour faciliter la manipulation et le contrôle des 2 systèmes (même type d'étude, même type de commande,...).

La figure suivante représente le schéma cinématique :

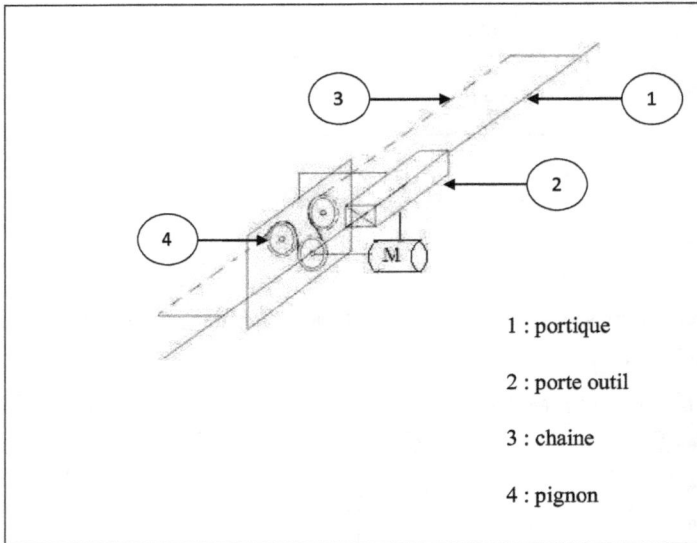

1 : portique

2 : porte outil

3 : chaine

4 : pignon

Figure 25. *Schéma cinématique du porte outil*

6.3. *Système de translation de support outil*

Le mouvement de support outil suivant l'axe z est faible, d'après les études des solutions on choisit d'utiliser le système vis-écrou puisque il est précis et le coût est faible.

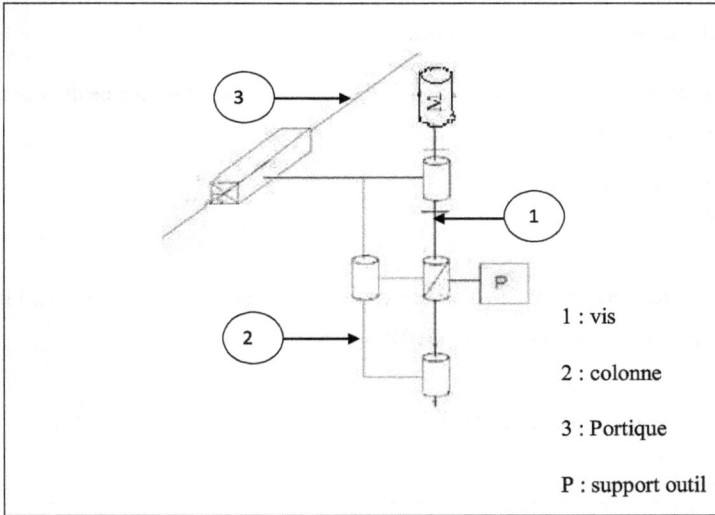

Figure 26. *Schéma cinématique du porte outil*

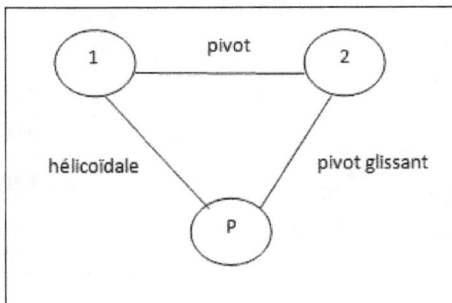

Figure 27. *Graphe de liaison du porte outil*

Le degré d'hyperstatisme de ce système d'après l'équation (1) est :

$$h = 0 + 1 + (5 + 4 + 5) - 6 \times 2$$

$$= 3$$

On trouve qu'il y a 3 degrés d'hyperstatisme donc il faut mettre 3 conditions géométriques pour rendre le système isostatique.

La colonne doit être parallèle, dans l'espace, avec la vis. On élimine dans ce cas deux forces et deux moments de la liaison pivot glissant.

$$h = 0 + 1 + (5 + 1 + 5) - 6 \times 2$$

$$= 0$$

Le système maintenant est isostatique, on conclure qu'avec cette condition il n'y a pas de blocage de ce mécanisme au cours de fonctionnement.

6.4. Schéma cinématique global de la machine

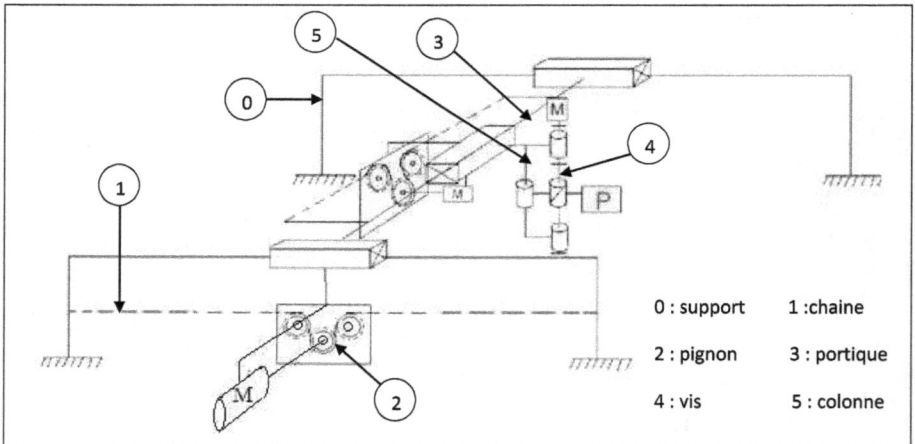

Figure 28. *Schéma cinématique global de la machine*

6.5. Choix de guidage

La machine à trois axes est constituée de trois chariots se déplacement dans les trois directions désirées, c'est à dire la longueur, la largeur et la profondeur (X, Y, Z). Il est important que ces déplacements soient guidés de manière à ce que le chariot ne se déplace que sur une ligne. Pour arriver à ce résultat nous devons utiliser des guides sur lesquels vont glisser ou rouler les chariots. Ces guides vont empêcher tous les autres déplacements parasites qui viendraient amoindrir la précision de la machine.

Les principaux types de guidages utilisés sont :

❖ Guidages par contact direct
   - guidage de type prismatique: Les surfaces de contact planes sont prépondérantes comme les rails, profilés en U, V, queue d'aronde...
   - guidage par colonne: La combinaison de deux liaisons pivot glissant en parallèle n'autorise qu'une translation.
❖ Guidage par interposition d'éléments roulants

Il existe une grande variété d'éléments roulants standards permettant de réaliser une liaison glissière. Le coût de ces éléments limite leur utilisation aux cas pour lesquels le frottement doit être réduit et les efforts sont importants. Ces éléments admettent des vitesses importantes, un bon rendement et une grande précision. Exemples (Douille à billes, Système de guidage à galets, Guidage à rouleaux...).

Caractéristique des systèmes de guidage les plus courantes :

Caractéristiques	Colonne	Rail	Profile
Précision	Bonne	Très bonne	Moyenne
Vitesse de déplacement	< 5m/s	< 1m/s	< 3m/s
Accélération maximale	50 m/s²	50 m/s²	50 m/s²
Coût	Bas	Moyen	Bas
Course	Limitée	Faible	Illimitée
Usinage	Précis	Précis	Faible

Tableau 13. *Comparaison entre les systèmes de guidage*

> **Guidage pour le mouvement du portique**

Le portique est caractérisé par sa longue trajectoire, elle se déplace le long de 3 mètres avec une vitesse faible imposée dans le cahier de charge. D'après ces critères on choisit d'utilisé un système de guidage par rail-chariot puisque il est convenable avec ces critères et précis. Pour ce guidage il y a deux types ; rail à galet et r ail à recirculation des billes, on choisit pour le deuxième type puisque il est plus précis, a un frottement négligeable et qui contient des racleurs de nettoyages pour éviter les problèmes de coincement.

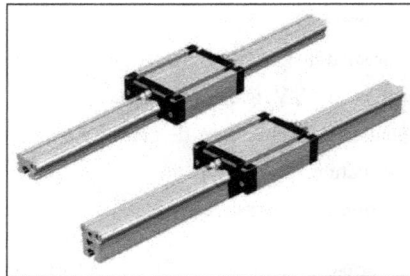

Figure 29. *Exemple de guidage par rail*

> **Guidage pour le mouvement du porte outil**

Pour assurer les mêmes caractéristiques, comportements et erreurs de précision, on fait le choix de système de guidage que celle précédent

> **Guidage pour le mouvement de support outil**

La distance parcourir par l'outil suivant la direction Z est faible (suivant l'épaisseur de la tôle a découpé) et la précision de mouvement n'est pas fortement recommandé donc on fait un choix simple avec un coût faible, c'est pour cela on va utiliser la colonne de guidage avec un coussinet fritté pour minimiser le frottement dû à la translation de l'outil par rapport à le porte outil.

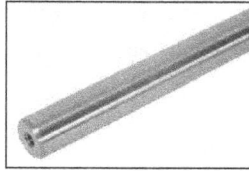

Figure 30. *Exemple de guidage par colonne*

7. Représentation des éléments de la machine

7.1. Table

Les opérateurs dans l'atelier utilise un table, de dimension 2500x1500x40 mm en fonte, pour découper les tôles manuellement. Pour minimiser le coût de la machine, on utilise cette table.

La figure suivante représente cette table :

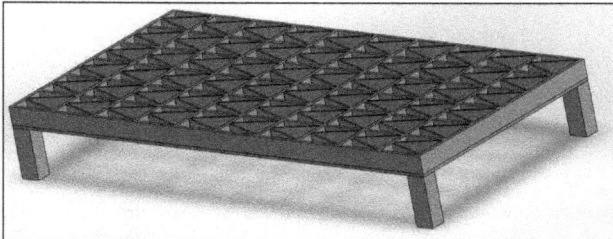

Figure 31. *Table de la machine*

7.2. Support

On remarque que le support de l'ancienne machine est rigide, former par des tubes carrés fermer 100x100 mm, pour supporter les éléments de la nouvelle machine, et de dimension convenable (longueur est 4 mètres, hauteur est 70 centimètres). Ce support est fixé sur la sole. Pour le réutiliser on vérifie la résistance de ce support dans le chapitre 3. il existe deux capteurs de positionnement sur les deux extrémités du rail non représenter pour arrêter le moteur du portique si il y a une commande électronique faute, l'origine de défaut peut être du logiciel d'extraction des G-codes ou d'une pièce a dimension plus large du rail de guidage. Il existe deux vis sur les deux extrémités du poutre du support pour fixer la chaine a travers deux collier de fixation.

Cette figure représente le support :

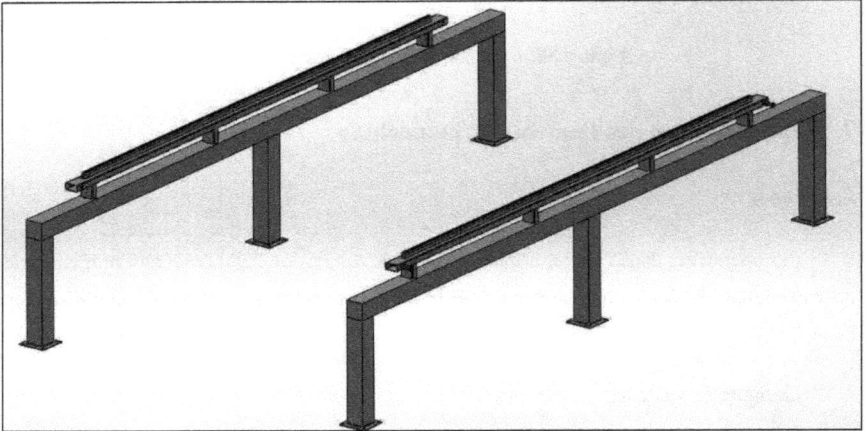

Figure 32. *Support de la machine*

7.3. *Portique*

Le portique est composé d'un tube rectangulaire 80x40x4 mm et de longueur 2230 mm, un rail de guidage du porte outil fixé sur le tube par des boulons, deux chariots pour le mouvement le long de support (direction X). Il existe deux capteurs de positionnement sur les deux extrémités du rail non représenter pour arrêter le moteur du porte outil si il y a une commande électronique faute. Il existe deux vis sur les deux extrémités de la poutre du portique pour fixer la chaine à travers deux colliers de fixation.

La figure suivante représente le portique :

Figure 33. *Portique de la machine*

7.4. Porte outil

Le porte outil est composé d'un plaque pour fixer les organes, un vis à bille et ces paliers qui est fixées sur la plaque par un support vis à bille, deux colonne de guidage de le support outil, un chariot pour le déplacement sur le portique (direction Y). Il existe deux capteurs de positionnement sur les deux cotées de la vis non représentés pour arrêter le moteur si il y a une faute commande électronique.

Figure représentative du porte outil :

Figure 34. *Porte outil de la machine*

7.5. Support outil

L'idée pour fixer la torche plasma sur le support outil est d'utiliser trois vis de serrages, l'un est au dessus et les deux autres de deux cotés latérales pour assurer la fixation de la torche dans le tube carré de ce support. Pour plus de sécurité au cours de découpage le tuyau d'oxygène passe à travers une tige de forme U fixé sur le support. Il existe un trou en bas de ce tube pour dégager la tête de la torche pour assurer le découpage. Le mouvement vertical de ce support est assurer par le système vis écrou à bille et guider par les deux colonnes.

Cette figure représente le support outil :

Figure 35. *Support outil de la machine*

7.6. Vue global de la machine

La figure suivante représente une vue global de la machine étudié :

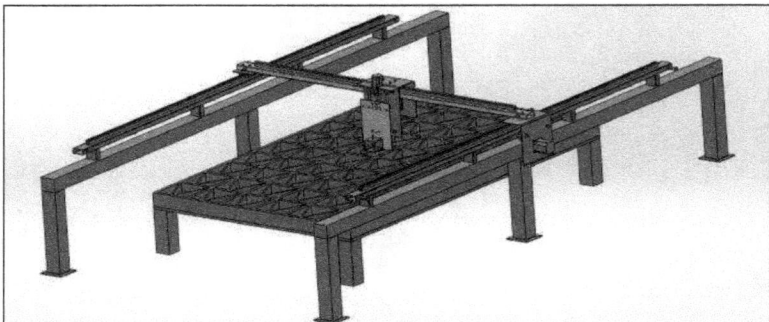

Figure36. *Machine CNC à trois axes*

CHAPITRE 3

Calcul & dimensionnements

Dans ce chapitre, on s'intéresse à la vérification de la condition de résistance mécanique de certaines pièces du système étudié. En effet, nous avons utilisé d'une part la méthode des éléments finis, et d'autre part les formules issues de la résistance des matériaux pour dimensionner les différents éléments. Ainsi le calcul pour le choix de système de guidage et la transmission de puissance. Et à la fin de ce chapitre on fait une estimation de coût de la machine avec une comparaison avec d'autres machines existant dans le marché.

1. Critère de Von mises

Pour la vérification de la condition de résistance mécanique nous utilisons la contrainte de Von Mises, très utilisés pour les métaux. En effet, on vérifie à chaque point de la structure que la contrainte équivalente est inférieure à la contrainte admissible $\sigma_{\text{éq}} < \sigma_{\text{adm}}$

La contrainte équivalente de Von Mises s'écrit :

$$\sigma_{éq} = \sqrt{\sigma_x{}^2 + \sigma_y{}^2 + \sigma_z{}^2 + \sigma_x\sigma_y + \sigma_x\sigma_z + \sigma_y\sigma_z + 3.\tau_{xy}{}^2 + 3.\tau_{xz}{}^2 + 3.\tau_{yz}{}^2} \tag{2}$$

Avec σ est le tenseur des contraintes qui est :

$$\sigma = \begin{bmatrix} \sigma_x & \tau_{xy} & \tau_{xz} \\ \tau_{xy} & \sigma_y & \tau_{yz} \\ \tau_{xz} & \tau_{yz} & \sigma_z \end{bmatrix} \tag{3}$$

Pour un problème statique, la contrainte admissible est donnée par la relation suivante :

$$\sigma_{adm} = \frac{R_e}{s} \tag{4}$$

R_e: Limite élastique

s : coefficient de sécurité, choisi à partir du tableau ci-dessous:

Coefficient de sécurité(s)	Conditions générales de calculs
1,5 à 2	-Cas exceptionnels de grande légèreté. -Hypothèse de charges surévaluées.
2 à 3	-Construction où l'on cherche la légèreté (aviation). -Hypothèse de calcul la plus défavorable (charpente avec vent ou neige, engrenage avec ou une seule dent de prise.
3 à 4	-Bonne construction, calcul soignés haubans fixes.
4 à 5	-Construction courante (légers efforts dynamiques non pris en compte, treuils).
5 à 8	-Calculs sommaire, efforts difficiles à évaluer (cas des chocs, mouvements alternatifs, appareils de levage, manutention).
8 à 10	-Matériaux non homogènes, chocs, élingues de levage.
10 à 15	-Chocs très importants, très mal connus (presse). -Ascenseurs.

Tableau 14. *Choix du coefficient de sécurité*

Pour notre cas, les dimensionnements des différents éléments de la machine sont effectuées avec un coefficient de sécurité s = 3.

2. Eléments finis utilisées

C'est un élément volumique utilisé pour les problèmes d'élasticité tridimensionnelle. Il possède quatre nœuds et trois degrés de liberté par nœud qui sont les trois déplacements (ux, uy, uz) suivants les trois directions (X, Y, Z).

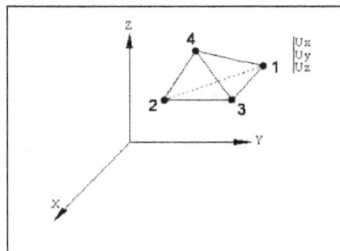

Figure 37. *Elément fini quadratique*

3. Etude et analyse du comportement mécanique des éléments structurels de la machine

Dans cette partie, on s'intéresse à vérifier la résistance des différents éléments qui constituent la machine aux sollicitations appliquées.

Le choix de matériau est effectué suivant la disponibilité dans le magasin de la société et au prix. Le matériau choisi est l'acier de construction mécanique S235. Ses caractéristiques mécaniques sont présentées dans le tableau ci-dessous:

Matériau	Acier S235
Module d'élasticité	20,5 GPa
Coefficient de Poisson	0,3
Densité	7800 Kg/m^3
Résistance à la rupture	340
Limite d'élasticité	235

Tableau 15. *Caractéristiques de l'acier S235*

La contrainte admissible de ce matériau est :

$$\sigma_{adm} = \frac{R_e}{s}$$

$$\sigma_{adm} = \frac{235}{3} = 78.33 \, MPa$$

Soit $\sigma_{adm} = 80 \, MPa$

❖ Etude statique des composants de la machine

On va étudier les composants de la machine les plus sollicités telles que : support outil, support de moteur Z, support système vis écrou, porte outil...

> ➢ **Support outil**

La torche plasma est fixée sur le support outil. Elle applique avec sa tuyau d'oxygène un poids de 10 N, le porte outil est fixé sur l'écrou par quatre vis M6.

Figure 38. *Modèle en éléments finis et conditions aux limites du support outil*

Le nombre des nœuds est 23421 et le nombre des éléments est 12210.

La figure ci-dessous montre la répartition des contraintes de Von Mises dans le support outil :

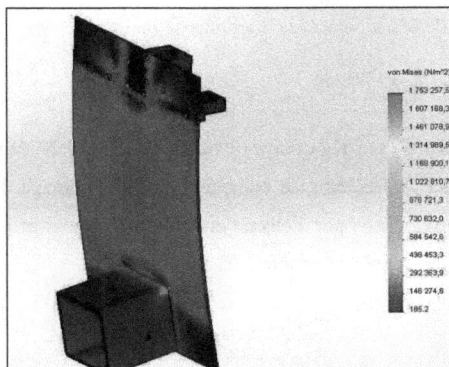

Figure 39. *Contraintes de Von Mises dans le support outil*

La déformation exagérée dans cette figure est due à un facteur de déformation qui atteint 217 fois la déformation réelle.

La contrainte maximal est 1.75 MPa inférieur à la contrainte admissible 80 MPa, le support outil a une bonne résistance.

La figure suivante représente les déplacements équivalents :

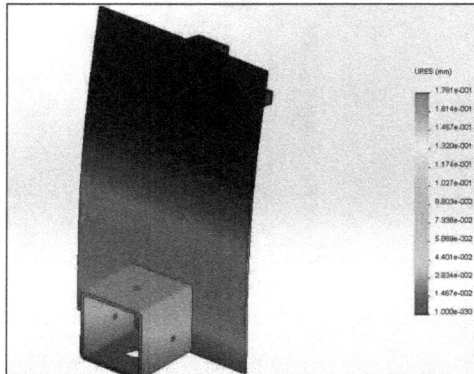

Figure 40. *Déplacements statiques résultants*

Le déplacement équivalent maximal est 0.17 mm, cette déformation ne provoque aucun problème sur la qualité de découpage et la tolérance souhaité.

➤ **Support de moteur Z**

La masse du moteur Z est 1 Kg donc à un poids égal à 9.81 N. ce poids est appliqué sur la zone pliée. Pour éviter le problème de coincement et le dommage de tout le moteur et le système vis écrou à cause au non parallélisme entre l'arbre moteur et la vis, on va étudier la déformation de la zone qui supporte le moteur Z.

La figure suivante est une représentation de la répartition des contraintes de Von Mises :

Figure 41. *Modèle en éléments finis et conditions aux limites du support de moteur Z*

Le nombre des nœuds est 20495 et le nombre des mailles est 10160.

La répartition des contraintes dans le support est montrée dans la figure suivante :

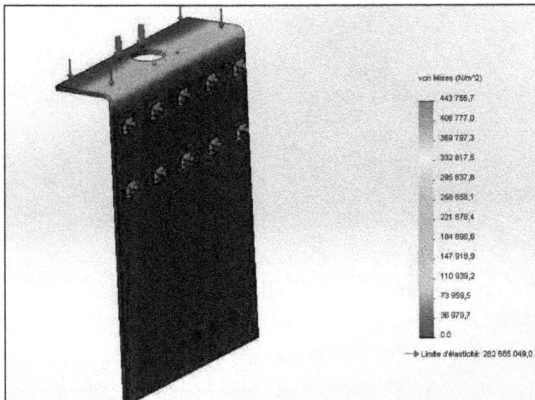

Figure 42. *Contraintes de Von Mises dans le support de moteur Z*

L'échelle de déformation est 1.

On constate que la contrainte maxi $\sigma_{max} = 0.44\,\text{MPa} < \sigma_{adm} = 80\,\text{MPa}$. Donc la structure toute sécurité.

Le champ des déplacements résultants du support de moteur Z est représenté ci-dessous :

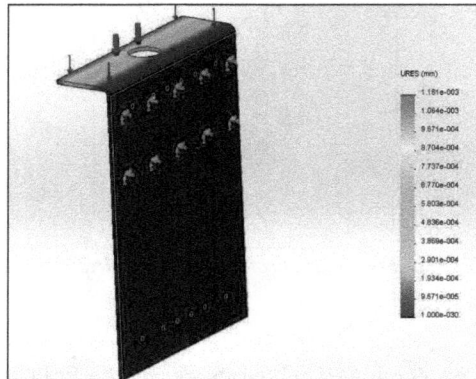

Figure 43. *Déplacements statiques résultants dans le support de moteur Z*

Il en résulte un déplacement maximal de 0,001 mm. Donc on conclut que la structure résiste bien.

> **Support système vis écrou**

Le support de système vis écrou est fixé sur le support de moteur Z. Ce support porté l'ensemble de système vis écrou, le support outil et l'outil, cet ensemble applique une force de :

$$F = m.\,g/2 \qquad\qquad (5)$$

$$= 7 x 9.81/2 = 34.33\,N$$

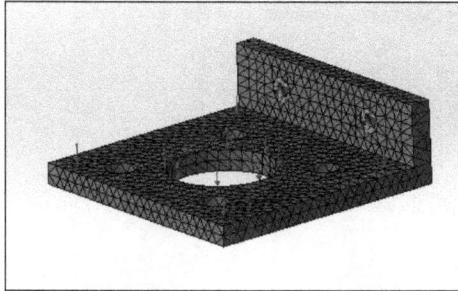

Figure 44. *Modèle en éléments finis et conditions aux limites du support vis-écrou*

La figure suivante montre la répartition des contraintes équivalentes dans la pièce :

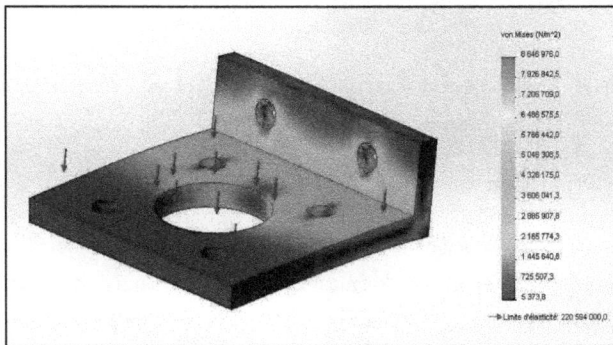

Figure 45. *Contraintes de Von Mises dans le support vis-écrou*

Le nombre des nœuds est 12525 et le nombre des éléments est 7150. L'échelle de déformation est 385.

La contrainte maxi $\sigma_{max} = 8.6$ MPa $< \sigma_{adm} = 80$ MPa. Donc la structure de support système vis écrou résiste en toute sécurité.

Le champ des déplacements résultants du support système vis écrou est représenté dans la figure suivante :

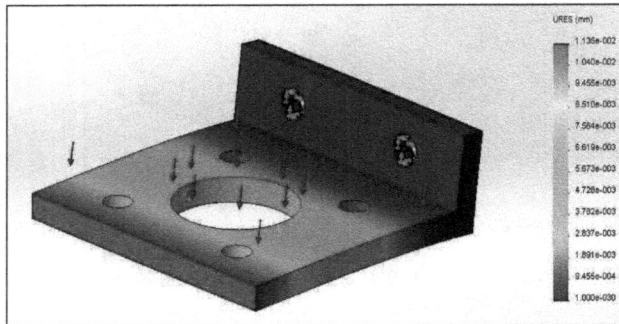

Figure 46. *Déplacements statiques résultants dans le support vis-écrou*

Le résultant de déplacement maximal est égal à 0.011 mm donc le support a un bon comportement.

➤ **Poutre de portique**

On va étudié dans l'ensemble de portique le tube rectangulaire, qui s'appel poutre de portique, de dimension 80x40x4 et de longueur 2230 millimètres qui doit supporter le système porte outil avec le système de guidage, le moteur et la chaine, leurs poids est d'environ 12 Kg donc cette ensemble exerce une force de 120 N au milieu de tube. Ce dernier est fixé sur les deux extrémités aux rails de guidage suivant la direction X.

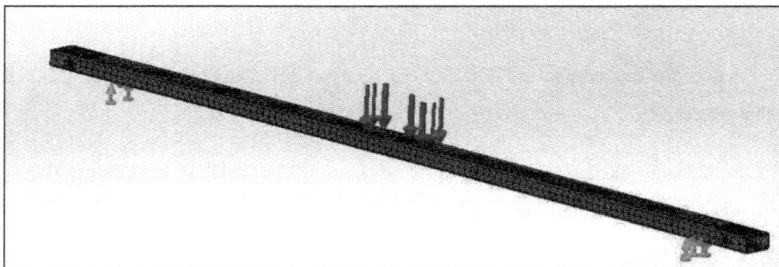

Figure 47. *Modèle en éléments finis et conditions aux limites de la poutre de portique*

Le nombre des nœuds est 55180 et le nombre des éléments est 27721.

On fait la simulation de la poutre de portique pour déterminer la contrainte équivalente, la figure ci-dessous est une représentation des contraintes de Von Mises du tube du portique :

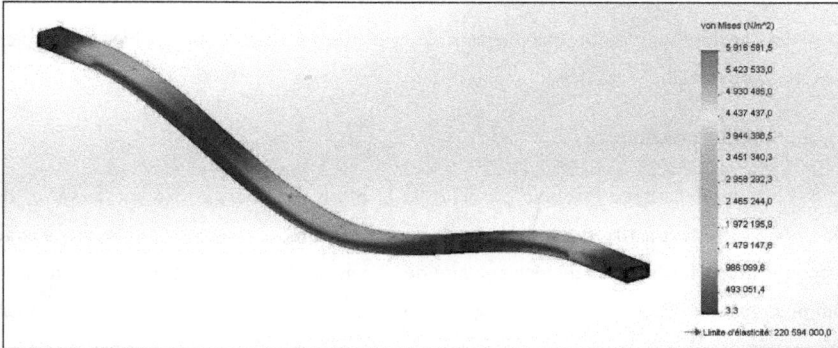

Figure 48. *Contraintes de Von Mises dans la poutre de portique*

L'échelle de déformation est 2485.

La contrainte maximale de la poutre de portique est 5.9 MPa qui est inférieur à la contrainte admissible 80 MPa donc elle résiste bien à l'effort appliqué.

La figure suivante montre la répartition des déplacements équivalents dans le portique :

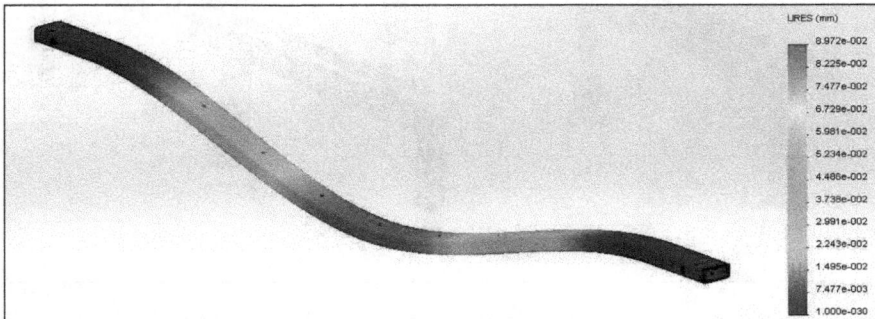

Figure 49. *Déplacements statiques résultants dans le portique*

Le déplacement équivalant maximal dû à l'effort appliqué par le porte outil est 0.089 mm, c'est à dire le positionnement de la torche a une erreur de l'ordre de 0.1 mm suivant la direction z, cette déformation n'a pas une grande influence sur la qualité de découpage des tôles.

On conclure que le dimensionnement de la poutre est bien étudier et bien résiste aux conditions de travail.

➢ **Support machine**

Le support de cette machine est celle de la machine ancienne fixé sur le sol et de dimension carré fermé 10x10 mm en acier de construction métallique S235, on ajoute à cette support un bloc supérieur (tube rectangulaire de dimension 80x40x4 mm) de longueur 3200 mm pour fixer le rail de guidage parce que on ne peut pas le fixé directement sur le support par des boulons.

Les deux parties de support doit résistées au poids des groupes portique, porte outil, torche et sa tuyau d'oxygène, les moteurs et les chaines, charge appliqué sur chaque partie est: $P = \frac{m.g}{2} = \frac{17 \times 9.81}{2} = 83.4$ N, on fait l'étude statique lorsque cette force est appliquée au milieu pour donner la contrainte maximale de support.

Figure 50. *Modèle en éléments finis et conditions aux limites du support machine*

L'analyse des contraintes de ce support est représentée ci-dessous :

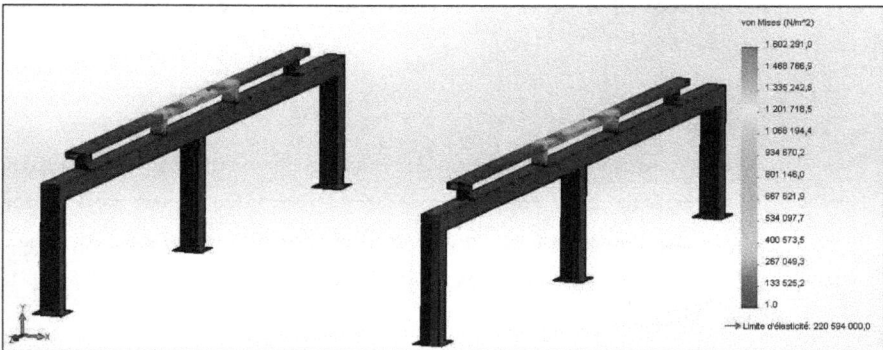

Figure 51. *Contraintes de Von Mises dans le support machine*

Le nombre des nœuds est 81466, nombre des éléments est 40400, l'échelle de déformation est 1.

La contrainte équivalente de Von Mises est 1.6 MPa qui est inférieur à la contrainte admissible 80 MPa donc elle résiste bien aux efforts appliqués.

La répartition des déplacements équivalents est montrée dans la figure ci-dessous :

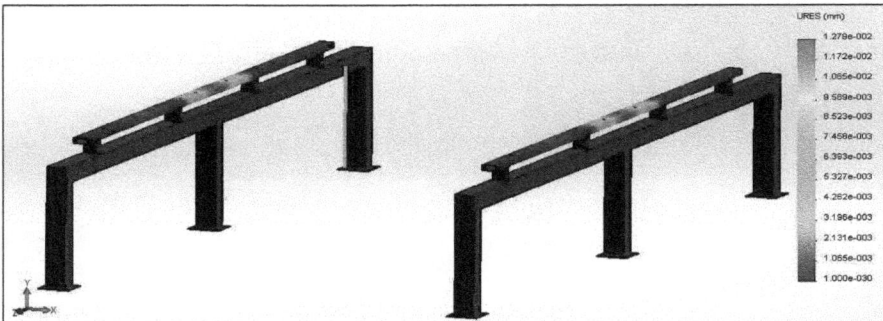

Figure 52. *Déplacements statiques résultants dans le support machine*

Le résultant de déplacement équivalent maximal est 0.012 mm, cette déformation n'a pas un grand influence sur la précision de la machine souhaité. On conclut que ce support a une bonne résistance.

> **Table**

La table est existé dans l'atelier de construction métallique de dimension 2500x1500x450 mm, elle utilisé pour le découpage des tôles manuellement par la torche d'oxycoupeuse, le matériau est la fonte grise, la table doit supporter une tôle d'acier (densité volumique égal 7800Kg/m3) de dimension 2500x1500x100 donc un masse de 2925 Kg. le poids de tôle est 28.7 kN.

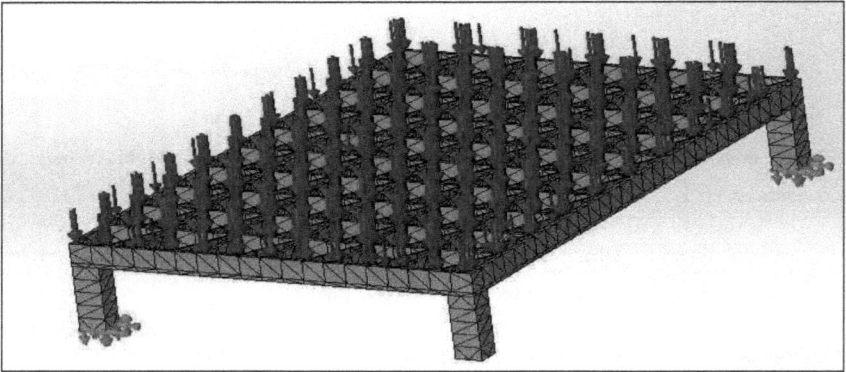

Figure 53. *Modèle en éléments finis et conditions aux limites du table*

Le nombre des nœuds est 30225, nombre des éléments est 14110.

La figure suivante montre la répartition des contraintes de Von Mises de la table :

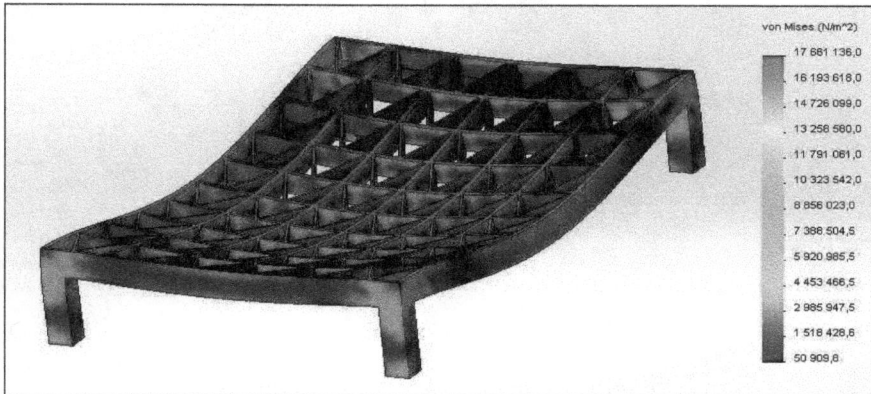

Figure 54. *Contraintes de Von Mises dans la table*

L'échelle de déformation est 191.

La limite d'élasticité de la fonte grise est 260 MPa, on prend un coefficient de sécurité 4 (cette coefficient est dû à la sécurité contre le choc et les accidents qui peut être survenir), donc la contrainte admissible est$\sigma_{adm} = \frac{R_e}{s}$.

$$\sigma_{adm} = \frac{260}{4} = 65 \text{ MPa}$$

La contrainte équivalente maximale est 17.66 MPa est inférieur à la contrainte admissible 65 MPa. Donc la structure de la table est résiste bien.

La figure suivante représente la répartition des déplacements équivalents dans la table :

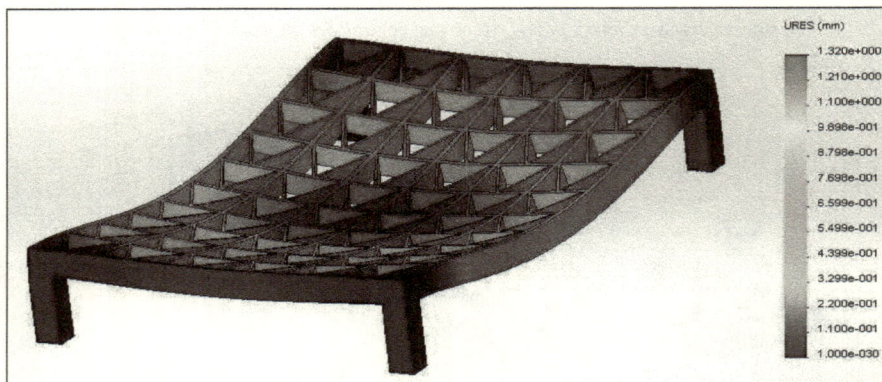

Figure 55. *Déplacements statiques résultants dans la table*

Le déplacement équivalent maximal est concentré au centre de la table et atteint une valeur de 1.32 mm si on place une tôle d'acier d'épaisseur 100 mm. Cette valeur peut influer sur la qualité de découpage au centre des tôles mais ce type de tôle d'épaisseur 100 mm est rarement utilisé, généralement on utilise des tôles d'épaisseur entre 5 mm et 30 mm.

On conclut que cette table correspond bien à la nouvelle machine.

4.   Calcul du système vis écrou à bille

❖ *Condition de résistance au flambage*

La charge de flambage doit être vérifiée si la vis doit supporter une charge en compression. Les formules d'Euler sont utilisées pour calculer la charge maxi admissible au flambage, en utilisant un coefficient de sécurité égal à 3 d'après le constructeur [annexe 2].

$$F_c = \frac{3400 \cdot b \cdot d_2^4}{L^2} \tag{6}$$

avec d_2 : diamètre du fond de filet en mm

L : longueur libre, ou distance entre les deux paliers en mm b : facteur du type de montage

0,25 encastré, libre

1 appui simple, appui simple

2 encastré, appui simple

4 encastré, encastré

Donc d'après la relation (6) on obtient :

$$d_2 \geq \sqrt[4]{\frac{F \cdot L^2}{3400.b}} \tag{7}$$

Le palier dans la zone de moteur est constitué de deux roulements. L'autre palier qui est situé à la fin de la vis est constitué d'un roulement à rouleaux, alors le facteur de type de montage est b= 4 [annexe 2].

La charge appliquée par le poids de l'outil et de son support est égale à :

$$F = m \cdot g \tag{8}$$

$$F = 5 * 9.81$$

$$F = 49 \, N$$

$$d_2 \geq \sqrt[4]{\frac{49 \times 500^2}{3400 \times 4}}$$

$$d_2 \geq 5.48 \, mm$$

D'après le document fournit [annexe 3] et le stock disponible chez le fournisseur, on choisit une vis de diamètre d = 16 mm et pas p = 10 mm.

❖ Calcul de la longueur de la vis

On a : $l_1 = 100$ mm : distance à parcourir par l'outil

$l_2 = 45$ mm : largeur de l'écrou

$l_3 = 40$ mm : distance libre pour la sécurité entre l'écrou et le palier de la vis

$l_4 = 80$ mm : longueur des deux parties non filetées de la vis [annexe 3].

La longueur de la vis à bille est donc :

$$L = l_1 + l_2 + l_3 + l_4 \tag{9}$$
$$= 100 + 45\ 40 + 80$$
$$L = 265\ mm$$

Après avoir le fournisseur, on choisit la longueur standard de la vis à bille 300 mm.

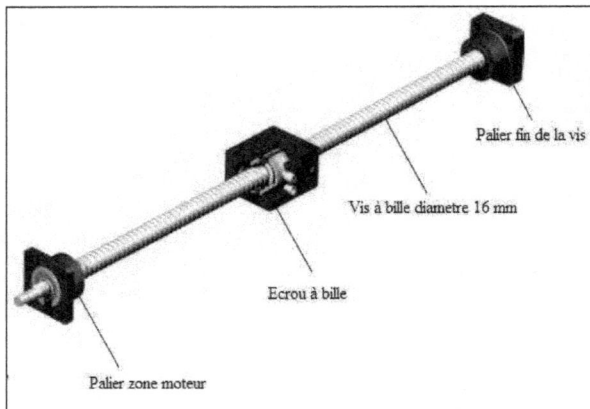

Figure 56. *Système vis-écrou à bille*

❖ Calcul du couple d'entrainement

Le couple d'entraînement nécessaire [annexe 4]   pour vaincre le couple résistif de la charge est constitué de :

- Couple de charge M_{load}

- Couples d'accélération de translation et rotation M_{trans} et M_{rot}

- Couple de frottement $M_{no\ load}$

4.3.1.   Calcul de couple de charge

C'est le couple d'entraînement en régime établi qui dépend de la charge à entraîner.

$$M_{load} = \frac{F_x \times p}{2 \times \pi \times 1000} \tag{10}$$

avec F_x : charge en N

μ : coefficient de frottement qui est égal à 0,007

p : pas de la vis écrou à bille en mm

$$F_x = m.g.\mu \tag{11}$$

$$F_x = 5 \times 9.81 \times 0.007$$

$$F_x = 0.34\ N$$

Alors on a, $M_{load} = \frac{0.34 \times 10}{2\pi \times 1000}$

Le couple de charge est égal à :

$$M_{load} = 0.54.10^{-3}\ N.m$$

4.3.2.   Calcul du couple d'accélération en translation:

$$M_{trans} = \frac{F_a \times p}{2\pi \times 1000} \tag{12}$$

avec F_a : force d'accélération en N

p : pas de la vis écrou à bille en mm

$$F_a = m.a \tag{13}$$

$$F_a = 5 \times (10 + 9.81)$$

$$F_a = 99 \, N$$

$$M_{trans} = \frac{99 \times 10}{2\pi \times 1000}$$

Le couple dû à l'accélération en translation est :

$$M_{trans} = 0.157 \ \text{N.m}$$

4.3.3. Calcul du couple d'accélération de rotation:

$$M_{rot} = \frac{J_{sp} \times l \times N_{max} \times 2a\pi}{V_{max} \times 60 \times 1000} \tag{14}$$

avec J_{sp} : moment d'inertie de la vis par mètre en Kg. m^2/m

I : longueur de la vis en mm

N_{max} : vitesse de rotation maximale de la vis en tr/min

V_{max} : vitesse linéaire de l'écrou en m/s

a : accélération en m/s^2

Le moment d'inertie de la vis par mètre est donné par le constructeur :

$$J_{sp} = 44.\,10^{-6} \ \text{Kg.}\,m^2/\text{m}$$

La vitesse maximal de déplacement de l'écrou est égal à :

$$V_{max} = 2.5 \ \text{m/min} = 0.042 \ \text{m/s}$$

alors la vitesse maximal de rotation de la vis est :

$$N_{max} = \frac{60.V_{max}}{p} \tag{15}$$

avec   p : pas de la vis en mètre

Donc $N_{max} = \frac{60 \times 0.042}{0.010}$

La vitesse maximal est $N_{max} = 252$ tr/min.

Le couple d'accélération de rotation est égal :

$$M_{rot} = \frac{44.10^{-6} \times 500 \times 252 \times 19.81 \times 2\pi}{0.042 \times 60 \times 1000}$$

Ce qui donne $M_{rot} = 0.274$ N.m

4.3.4. Calcul du couple de frottement

Le couple de frottement dans les paliers, moteurs, joints est une constante donné par le constructeur [annexe 5] $M_{no\ load} = 0.15$ N.m.

Le couple d'entraînement total est égal alors :

$$M_A = M_{load} + M_{trans} + M_{rot} + M_{no\ load} \tag{16}$$

$M_A = 0.54.10^{-3} + 0.157 + 0.274 + 0.15$

Finalement on trouve $M_A = 0.58$ N.m

❖ Calcul de la puissance d'entrainement

$$P = \frac{M_A \times N_{max}}{9550} \tag{17}$$

$$P = \frac{0.58 \times 252}{9550}$$

Donc P = 0.0153 kW

❖ Calcul de rendement de système vis-écrou à bille

Le rendement théorique du système vis-écrou à bille s'écrit :

$$\eta = \frac{1}{1+\frac{\pi.d_0}{p}\cdot\mu} \tag{18}$$

avec d_0 : diamètre nominal de la vis en mm

p : pas de la vis en mm

μ : coefficient de frottement = 0.007

$$\eta = \frac{1}{1 + \frac{16\pi}{10}\cdot 0.007}$$

Alors on a : $\eta = 0.96$

❖ Calcul de puissance moteur pour l'axe Z

La puissance de moteur et sa couple nécessaire sont :

$$P_m = \frac{P}{\eta} \tag{19}$$

$$P_m = \frac{15.3}{0.96}$$

Donc $P_m = 15.93$ W

Après voir le datasheet [annexe 6] et les moteurs disponibles chez le fournisseur, on choisit la puissance moteur égale à $P_m = 18$ W avec un couple égal à 1.8 N.m.

5. Dimensionnement de l'accouplement pour le moteur Z

Cet accouplement est composé d'une douille en acier fixée sur les extrémités des arbres par des goupilles.

Les valeurs recommandées pour le dimensionnement de l'accouplement sont : l=3d, b=1.5d et l1=0.75d.

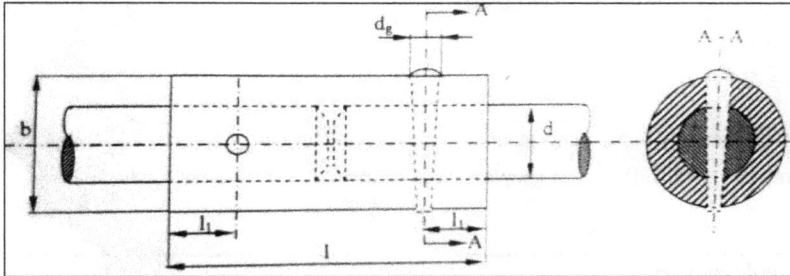

Figure 57. *Accouplement à douille*

Les dimensionnements de l'accouplement pour le moteur d'axe Z sont :
d=8 mm, l=24 mm, b=12 mm et l1=6 mm.

Les goupilles sont soumises à la sollicitation de cisaillement, on doit déterminer le diamètre des goupilles qui leur permettra de résister à cette sollicitation.

En effet, le couple délivré par le moteur est $M_m = 1.8$ N.m donc la force de cisaillement appliquée sur la goupille est :

$$F = \frac{M_m}{R} \qquad (20)$$
$$= \frac{1.8}{0.008} = 225 \text{ N}$$

D'autre part la condition de résistance au cisaillement de la goupille s'écrit :

$$d \geq \sqrt{\frac{2 \times F}{\pi \times Rpg}} \qquad (21)$$

avec   d: diamètre de la goupille en mm

          Rpg : résistance pratique au glissement en MPa

$$Rpg = \frac{Rg}{s} \tag{22}$$

Le matériau de la goupille est un acier dur donc :

Rg= 0.7×Re = 0.7×400 = 280 MPa   [annexe 7]

Ce qui donne, avec un coefficient de sécurité s = 4 :

Rpg = 70 MPa

D'où d ≥ 1.43 mm

D'après avoir le dimensionnement des goupilles cylindrique type A selon la norme ISO 2338 [annexe 8], le diamètre de la goupille choisi est d = 1.5 mm de longueur égal 12 mm.

Type de goupilles	Figures	Tolérance
Type A		Tolérance sur d : m 6

Tableau 16. *Goupille cylindrique type A, d x L NF EN ISO 2338*

6. Calcul de système de guidage porte outil

Le rail de guidage linéaire avec recirculation des billes permet de déplacer le porte outil suivant la direction Y.

La masse de l'outil, tuyau de l'outil, le système vis écrou à bille, moteur et le structures métallique est égale m = 10 Kg.

❖ *Calcul de force appliquée sur le chariot de guidage*

$$P = m. g \tag{23}$$

avec   g : accélération de pesanteur égal 9.81 m/s^2

P = 10 × 9.81

On trouve P = 98.1 N

❖ *Calcul de moment appliqué de l'ensemble sur le chariot de guidage*

M = P. l   (24)

avec   l : distance entre le chariot et le centre de gravité de la porte outil en mètre

M = 98.1 × 0.11

Alors M = 10.8 N. m

D'après le document fournit [annexes 9] et les matériels existent chez le fournisseur, on choisit le rail de type LFS 8-2 avec un chariot de type Shaft slide WS 1/70.

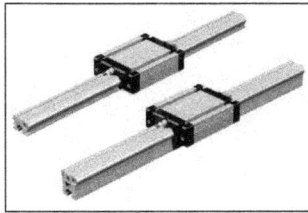

Figure 58. Rail de guidage type LFS 8-2

❖ *Calcul de force d'entraînement*

L'accélération du porte outil est égal à 10 m/s² (voir cahier de charge).

La force d'accélération est égale :

F = m. a   (25)

F = 10 × 10

Donc F = 100 N

❖ *Calcul de puissance de moteur pour l'axe Y*

Le système de transmission est une chaine pignon qui a un rendement $\eta = 1$, donc la puissance nécessaire au porte outil pour se déplacer sur le rail est :

$$P = F.V \tag{26}$$

avec   F : force d'entraînement en N

V : vitesse linéaire de déplacement en m/s

La vitesse de déplacement est choisie en fonction du logiciel de traitement des données

G-code pour garder une précision de 0.5 mm lors de découpage de tôle, vitesse maximal égale $V_{max} = 10$ m/min.

Donc la puissance d'entrainement est égale :

$$P = \frac{100 \times 10}{60}$$

On trouve la puissance moteur est $P = 16.66$ W.

D'après le document [annexe 6] et les moteur disponible chez le fournisseur on choisit un moteur de puissance égal à 19W avec un couple maximal est égal à 3.11 N.m.

La vitesse de rotation maximale souhaitée est égale :

Le couple moteur est égal :

$$N_{max} = \frac{30.P}{\pi.M_m} \tag{27}$$

$$N_{max} = \frac{30 \times 19}{3.11\pi}$$

On a alors $N_{max} = 58.34 \ tr/min$

❖ Choix de la chaine et pignon du porte outil

La puissance de transmission corrigée en fonction des conditions de travail est :

$$P_c = P.s \tag{28}$$

avec   s : facteur de service égal 1.2 (régime régulière de fonctionnement)

        P : puissance moteur

Donc $P_c = 22.8$ W

La puissance de transmission corrigée est 22.8 W, la vitesse de rotation maximal est 58.34 tr/min et le mode de graissage de la chaine est par pinceau, d'après l'abaque des chaine série européenne NF E 26-102, ISO R 606 [annexe 10], on fait le choix de la chaine.

Le type de la chaine simple d'après la norme iso est 08 B, pas égal 12.7 mm, charge de rupture égal 1200 daN qui est supérieur à la force d'entrainement exercé par les pignons. La longueur de la chaine est approximativement égale à 2300 mm (en fonction de la distance entre les vis des fixations la chaine et les diamètres des pignons).

REF	PAS P	b1	b2	d1	d2	g	k	a1	S cm²	Rupture daN	Poids kg/m
05B1 ZX	8	3,0	4,77	5,0	2,31	7,1	3,1	8,6	0,11	400	0,18
06B1 ZX*	9,525	5,72	8,53	6,35	3,28	8,3	3,3	13,5	0,28	700	0,41
V4 ZX	12,7	3,3	5,8	7,75	3,66	9,9	1,5	10,2	0,21	700	0,28
V5 ZX	12,7	4,88	7,75	7,75	3,66	9,9	1,5	11,2	0,28	700	0,33
08B1 ZX	12,7	7,75	11,3	8,51	4,45	11,8	3,9	17,0	0,50	1200	0,70
08B2 ZX	12,7D	7,75	11,3	8,51	4,45	11,8	3,9	31,0	1,00	2250	1,30
10B1 ZX	15,875	9,65	13,28	10,16	5,08	14,7	4,1	19,6	0,67	1450	0,91
12B1 ZX	19,05	11,68	15,62	12,07	5,72	16,1	4,6	22,7	0,89	1850	1,18
16B1 ZX	25,4	17,02	25,4	15,88	8,28	21	5,4	36,1	2,10	4000	2,50

Tableau 17. *Type des chaines de transmission*

Maintenant on fait le choix de pignon [annexe 11], ce choix est basé sur le choix précédemment de la chaine. Pignon standard en acier pour chaine simple 08B, pas égal 12.7 mm, diamètre intérieur égal 14 mm (le même que pour l'arbre moteur), diamètre extérieur égal 98 mm et le nombre des dents égal 21 dents.

7. Choix de système de guidage de portique

Ce rail de guidage permet de déplacer le portique suivant la direction X.

La masse de portique, porte outil, système vis écrou à bille, les moteurs, chaine de transmission de mouvement suivant la direction y, pignons et les structures métalliques est égale m = 17 Kg.

❖ Calcul des forces et moment appliqués au chariot de guidage de portique

Pour déterminer les forces et moments appliquées au chariot de guidage on applique le principe fondamental de la statique PFS :

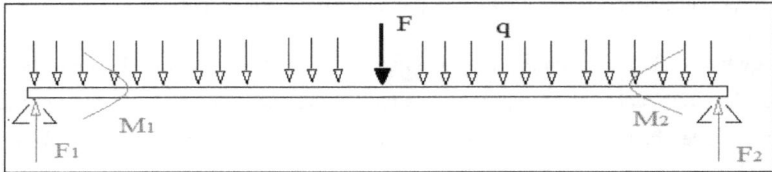

Figure 59. *Efforts appliqués sur le portique*

L'équilibre des forces statiques donne :

$$\sum_{i=1}^{n} \vec{F}_i = \vec{0} \qquad (29)$$

Donc on a : $F_1 + F_2 = F + P$ $\qquad (30)$

avec F_1 : force exercé par le chariot gauche en N

F_2 : force exercé par le chariot droite en N

F : poids de porte outil en N

q : charge linéique dû à sa propre poids en N/m

P : poids du portique en N $(P = q.l)$

on a $F_1 = F_2$, donc :

$$F_1 = \frac{(F+P)}{2} \qquad (31)$$

$$F_1 = \frac{166.77}{2}$$

On trouve $F_1 = F_2 = 83.4\ N$

L'équilibrage des moments statiques donne :

$$\sum_{i=1}^{n} \overrightarrow{M_{i/o}} = \vec{0} \qquad (32)$$

$$M_1 = P.\frac{l}{2} + F.\frac{l}{2} = (P+F).\frac{l}{2} \qquad (33)$$

Donc on trouve $M_1 = M_2 = 166.77\ N.m$

Le rail choisie d'après le document [annexe 9] est LFS 8-2, le chariot est de type: Shaft Slide WS 1/70.

❖ Calcul de force d'entraînement

L'accélération du porte outil est égal à 10 m/s^2 (voir cahier de charge).

On choisit un système de guidage à recirculation de bille pour augmenter le performance et négliger le frottement de déplacement, la force d'accélération est égal :

$$F = m.a \qquad (34)$$

$$F = 17 \times 10$$

La force nécessaire pour entrainer le système porte outil est F = 170 N.

❖ Calcul de puissance de moteur pour l'axe X

La puissance nécessaire au porte outil pour se déplacer sur le rail est :

$$P = F.V \qquad (35)$$

avec   F : force d'entraînement en N

V : vitesse linéaire de déplacement en m/s

La vitesse de déplacement maximale du système porte outil est égale la vitesse maximale du système portique pour garder les mêmes caractéristiques et faciliter la programmation du logiciel d'extraction des données G-codes.

$V_{max} = 10 \ m/min$

La puissance d'entrainement est égale :

$P = \frac{170 \times 10}{60}$

La puissance nécessaire pour entrainer le système porte outil est P = 28.33 W.

D'après le document [annexe 6] et les moteurs disponibles chez le fournisseur on choisi un moteur de puissance égal à 32 W avec un couple moteur égal 6.8 N.m.

Le couple moteur est égal :

$$N_{max} = \frac{30.P}{\pi.M_m} \tag{36}$$

$$N_{max} = \frac{30 \times 32}{6.8\pi}$$

Alors la vitesse de rotation maximal de moteur est $N_{max} = 45 \ tr/min$.

❖ Choix de la chaine et pignon

La puissance de transmission corrigée est :

$$P_c = P.s \tag{37}$$

avec   s : facteur de service égal 1.2

Alors $P_c = 32 \times 1.2$

Ce qui donne $P_c = 38.4$ W

La puissance de transmission est 38.4 W, la vitesse de rotation maximal est 45 tr/min et le mode de graissage de la chaine est par pinceau, d'après l'abaque [annexe 10], on fait le choix de la chaine simple de type 10 B, pas égal 15.875 mm, charge de rupture égal 1450 daN, longueur de l'ordre de 4300 mm. (Voir tableau 14)

Le choix de pignon est de la même façon que le choix de pignon précédent [annexe 11]. Pignon standard en acier pour chaine simple 10B, pas égal 15.8 mm, diamètre intérieur égal 14 mm, nombre des dents égal 10 dents. (Correspond au diamètre de l'arbre moteur), diamètre extérieur égal 112 mm et le nombre des dents égal 19 dents.

8. Calcul de coussinet

Le guidage entre le porte outil et le support outil est assuré par deux colonnes. Pour minimiser le frottement entre ces deux systèmes on choisit le coussinet qui est généralement utiliser pour le guidage en rotation, mais on l'utilisé pour des raisons de qualité, prix et encombrement.

- Matériau de la colonne

Lorsqu'il y a une usure on doit changer le coussinet donc l'acier est un bon candidat pour la colonne grâce à son dureté élevé qu'au bronze.

- Condition de non arc-boutement

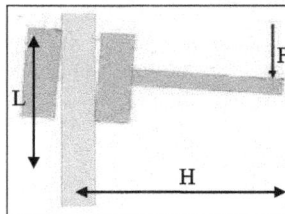

Figure 60. *Principe d'arc-boutement*

$$H < \frac{L}{2\mu} \qquad (38)$$

avec   H : distance entre le point d'application de la force et l'axe de guidage en mm

L : longueur de coussinet en mm

μ : coefficient de frottement avec graissage est égale 0.1 [annexe 12]

alors on a L $> 2\mu H$ (39)

$\Rightarrow$ L $> 2 \times 0.1 \times 58$

La longueur minimale est : L $> 11.6\ mm$

Le diamètre de la colonne est 14 mm, donc le diamètre extérieur du coussinet est D = 20 mm et la longueur est L = 14 mm, [annexe 13].

9. Résistance de vis de fixation de la chaine

La vis de fixation de la chaine est soumise au cisaillement, donc il faut vérifier sa résistance au cisaillement :

- Condition de résistance au cisaillement:

il faut que $\quad d > \sqrt{\frac{4F}{\pi.Rpg}}$ (40)

avec   F : force d'entrainement + tension de maintien en N

          Rpg : résistance pratique au glissement (cisaillement) de la vis en MPa

          d : diamètre de la vis en mm

Le matériau de la vis est en acier doux [annexe 14]

donc Rg = 0.5 Re   [annexe 7]   (41)

On a Re = 235 MPa

$\Rightarrow$ Rg = 117.5 MPa

$Rpg = \frac{Rg}{s}$ (42)

$\quad = \frac{117.5}{4} = 29.37$ MPa

$\Rightarrow d > \sqrt{\frac{4 \times 250}{\pi \times 29.37}}$

d > 10.8 mm

Pour choisir le diamètre standard il faut connaitre la longueur de la vis, la longueur nécessaire est 150 mm. Alors le diamètre de la vis est 16 mm.

10. Dimensions des vis de pression

L'arbre des moteurs Y et Z contient un méplat donc on ne peut pas fixer le pignon sur l'arbre par un clavette. La solution est d'utiliser une vis de pression pour encastrer le pignon sur l'arbre. La force appliqué du vis sur l'arbre est suffisante pour annuler le glissement du pignon, parce que le pignon ne subit aucune force axial, la vitesse de rotation est faible, au même temps les dents du pignon sont guidés par les plaques de la chaine.

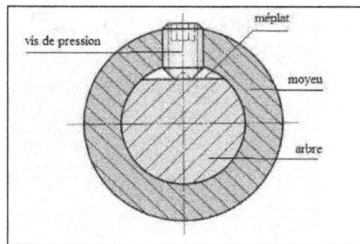

Figure 61. *Montage de vis de pression*

La longueur de la vis est :

$L = R_1 - R_2 + h$

avec R_1 : rayon extérieur de moyeu de pignon en mm

R_2 : rayon de l'arbre moteur en mm

h : hauteur du méplat en mm

- vis de pression pour le pignon de moteur Y

$L = 34 - 7 + 1$

L = 28 mm

On choisit une vis sans tête à six pans creux à bout plat M6 × 30, [annexe 15].

- vis de pression pour le pignon de moteur Y

$L = 35 - 7 + 1$

L = 29 mm

Le même choix que précédemment : vis sans tête à six pans creux à bout plat M6 × 30.

11. Estimation de coût de projet

Le but de cette partie est d'estimer le coût de cette machine et le comparais avec celles des machines actuelle de mêmes caractéristiques. Cette étude nous permet de connaitre la faisabilité de ce projet.

Le coût global d'un projet est la somme des coûts suivants:

- Coût des pièces standard
- Coût des matières premières
- Coût de fabrication

Le coût de fabrication, qui inclut le coût d'usinage, de montage et les bagues de soudure, est éliminé dans notre cas parce que la fabrication sera faite dans l'atelier de construction métallique.

11.1. Coût des pièces standard

Ce coût inclut le prix des différents éléments standards achetés et utilisés pour le projet. On distingue deux catégories des éléments standards : mécanique, électriques. Les coûts de ces différents éléments sont présentés par la suite :

11.1.1. Coût des pièces mécanique

Désignation	Prix total (DT)
Composants standards (vis, écrou, coussinet, goupille...)	30
Rail 2 mètres	350
Rail 3 mètres	450
Chariot WS 1/70	354
Pignon tendeur 10B	84
Moteur pas à pas 1.8 N.m	215
Pignon 10B	3
Pignon 08B	2
Pignon tendeur 08B	64
Moteur pas à pas 3.1 N.m	350
Moteur pas à pas 6.1 N.m	460
Vis à bille Ø16, pas 10mm, l=300mm avec 2 paliers	100
Ecrou à bille Ø16, pas 10mm	260
Total (DT)	2722

Tableau 18. *Coût estimé des pièces mécanique*

11.1.2. Coût des pièces électronique

Désignation	Prix total (DT)
Composants standards	30
3 drivers	894
Carte interface	500
Carte ardouino mega	110
Total (DT)	1534

Tableau 19. *Coût estimé des pièces électronique*

11.2. Coût des matières premières

Le prix des matières premières de la machine est représenté dans le tableau suivant :

Désignation	Quantité (Kg)	Prix U.H.T (DT)	Prix total (DT)
Tube rectangulaire 80x40x4	60	1.200	72
Tôle d'épaisseur 5 mm	17.5	0.8	14
Total (DT)			86

Tableau 20. *Coût estimé des matières premières*

Coût total estimé de cette machine est :

coût total = coût des pièces standards + coût des matières premières

coût total = 2722 + 1534 + 86

coût total = 4342 DT

11.3. Comparaison entre les machines

Machines CNC de découpage par plasma :

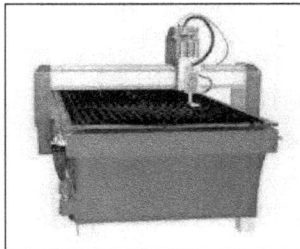

Figure 62. *HPP2030*

Caractéristiques [3] :

Prix : 52 568,31 DT

Dimensions de la table : 2000mm x 3000mm
Épaisseur de découpe : 0.1-32mm
Vitesse de déplacement maximale : 15000mm/min
Vitesse de découpe : 0-6000mm/min
Rail de guidage des axes XY: Rail de guidage carré
Système d'opération : Système de DSP
Format : G code

Figure 63. *AirDUCT P10221187-1*

Caractéristiques [4]:

Prix : 74 800 DT

Type de CNC PC Industrial bajo Linux

Longueur 3000 mm

Largeur 1500 mm

Les machines actuelles existent dans les marchés sont énormément chers. Notre machine est de l'ordre de 90% moins chers que d'autres machines.

On conclue donc que ce projet est faisable et rentable pour la société.

Conclusion Générale et Perspective

La machine à commande numérique de découpage de tôles augmente la productivité et la qualité des pièces obtenues pour les sociétés de construction métallique. Donc il est conseillé d'utiliser ce type de machine .

L'objectif de mon travail est d'améliorer la précision de découpage pour obtenir des pièces finis sans passer à d'autre opérations d'usinage. La solution est de réaliser une machine à commande numérique de découpage de tôles.

Les étapes à suivre sont :

- Choisir le plasma comme un procédé de découpage le plus adéquat.
- Concevoir la machine à commande numérique à 3 axes.
- Estimer le coût de la machine et le comparer avec celui des machines de même type existant dans le marché.
- Préparer le dossier technique de cette machine.

Notons que la machine est capable de percer les tôles minces si on échange le support outil par un support d'une presse.

Par ailleurs, on propose d'ajouter un 4ème axe sur la table pour découper les pièces cylindriques.

Référence bibliographique

[1] http://www.csmofmi.com/IMG/pdf/1032_01_04_chap4.pdf

[2] http://www.techniques-ingenieur.fr/res/media/docbase/table/sl2202045-web/SL2202045TBL-web.xml

[3] http://www.cnctunisie.com/product.php?id_product=50

[4] http://www.exapro.fr/machine-de-decoupe-plasma-cnc-airduct-p10221187/#!prettyPhoto

Cours :

Cours IPEIN 1ér année "Bureau d'étude", Mr. George Racheve

Cours ENIS 1ér année "Transmission de puissance" , Mr. Zoubeir Ghorbel

Cours ENIS 1ér année "Conception mécanique", Mr. Mouhamed Haddar

Cours ENIS 2éme année "Transmission de puissance", Mm. Neila Masmoudi

Cours ENIS 3éme année "Métrologie", Mr. Maher Barkallah

Ouvrages :

Guide de dessinateur, Chevalier, Edition 2004

Guide de calcul en mécanique, Hachette technique

Formulaire de mécanique Pièce de construction, Youde Xiong

ANNEXE

Installation pour la découpe de tous les métaux
conducteurs par procédé plasma.
Technologie transformateur. Alimentation triphasée.

CEMONT

SHARP 40 MC

+ Torche CCT 4000 - 6 m central

GARANTIE 2 ANS

Normes
EN 60974.1
EN 60974.7
EN 60974.10

Les Plus :
- **Alimentation :** 220 V / 230 V / 380 V / 400 V triphasée.
- **Simple :** un seul commutateur définit le réglage de la puissance sur 4 positions.
- **Polyvalent :** coupe et perce tous les métaux conducteurs.
- **Performant :** facteur de marche élevé 120 A à 50% à 40 °C.
- **Complet :** livré avec tout le nécessaire pour utilisation immédiate.
- **Amorçage :** sans HF pour un environnement plus propre.

SHARP 40MC

CEMONT

Capacité de coupe (sur acier)		
au contact	de qualité	de séparation
8 mm	35 mm	40 mm

1 Indicateur de défauts et bouton de réarmement.
2 Interrupteur marche/arrêt.
3 Torche de coupage.
4 Commutateur de puissance.
5 Connecteur pour câble de masse.

SHARP 40MC

CARACTÉRISTIQUES TECHNIQUES :

	SHARP 40 MC	
Alimentation triphasée	230 V	400 V
Consommation effective	50 A	28 A
Puissance maxi	27,7 kVA	
Alimentation air comprimé	220 l/min - 5,5 bars	
Gamme de courant	30 - 120 A	
Facteur de marche à 40 °C à 50%	120 A	
à 75%	85 A	
à 100%	50 A	
Indice de protection	IP 23	
Dimensions	500 x 865 x 705 mm	
Poids	125 kg	

POUR COMMANDER :

Générateur + torche 6 m + câble d'alimentation + câble de masse équipé + tuyau d'air + kit pièces d'usure	W000261831
Options	
Compas	W000302512
Boîte pièces d'usure	W000277615

Torche CCT 4000

	Référence
Refroidie par air CCT 4000 - 6 m central	W000274858
Refroidie par air CCT 4000 - 15 m central	W000274859
Corps de torche	W000268534

Pièces de maintenance CCT 4000

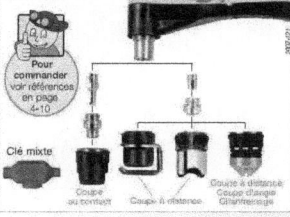

Pour commander voir références en page 4-10

Clé mixte

Coupe au contact
Coupe à distance
Coupe à distance
Coupe d'angle
Gliantrrenage

AIR LIQUIDE

4-9

Annexe 1. *Outil plasma CCT 4000*

Theoretically critical speed Calculations

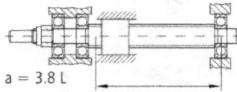

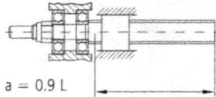

$a = 3.8 L$

$a = 0.9 L$

Definitions

n_{perm}, [min⁻¹]		maximum permissible speed
a		Installation coefficient
d_2	[mm]	Spindle core diameter
L	[mm]	Spindle length between the spindle bearings and spindle ends

Critical speed

In most applications, you need to check tapped spindles at their critical speed.

The critical speed is that speed which causes resonance oscillations of this spindle.

This critical speed depends on the core diameter, the free load-bearing length and on the way the tapped spindle is constructed.

Given a general safety factor of 0.8, the maximum permissible speed can be calculated as follows:

$$n_{perm} = 392 \cdot \frac{a \cdot d_2}{L^2} \cdot 10^5$$

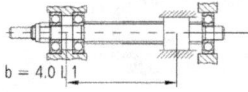

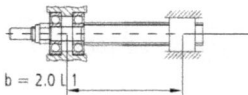

$b = 4.0 L_1$

$b = 2.0 L_1$

Definitions

F_{perm}	[N]	permissible compressive loading
d_2	[mm]	Spindle core diameter
L_1	[mm]	free buckling length, i.e. the maximum distance between the central bearing and the centre of the tapped nut
b		Installation coefficient

Buckling load

The recirculating ball spindle should as far as possible be subjected only to tensile stress. If it is subjected to compressive loads, then the spindle may buckle.

With a safety factor of 3.0 against buckling, the result is

$$F_{zul} = \frac{34\,000 \cdot b \cdot d_2^4}{L_1^2}$$

Annexe 2. *Condition de flambage de vis à bille*

Ball screw spindles

Ø 16, 25 mm

Ø 16 features

- Ø 16 mm, rolled, hardened and polished
- Material CF 53, inductively hardened (HRC 60 ± 2); (for detailed information see DIN 17212)
- Spindle pitches: 2.5 / 4 / 5 / 10 and 20 mm
- Lengths up to max. 3052 mm available
- End machining to isel standard or to order (see "Available lengths")
- Produced to DIN 69051, Part3, Tolerance class 7

Options
- End machining to order

Available lengths

Without end machining
in 100 mm raster
- 452 to 1052 mm
- 1252 mm • 1552 mm
- 1752 mm • 2052 mm
- 2252 mm • 2752 mm
- 3052 mm
Special length according to drawing: 211 13X 0998

Both-sided end machining
in 100 mm raster
- 368 mm to 3068 mm

Special length to drawing:
211 13X 5999

Ordering key

211 13X XXXX

Spindle pitch	End machining	Lengths
2 = 2.5 mm	0 = not machined	e.g. 045 = 452 mm
3 = 4 mm	5 = both-sided machining suita-	086 = 868 mm
4 = 5 mm	ble for all feeds (aluminium	305 = 3052 mm
5 = 10 mm	profile length +78 mm)	(rounded to the final
6 = 20 mm		digit)

See "Available lengths" for permissible Combinations.

Ordering information

Slotted nut
- Self-locking
- M 10 x 0.75 mm
Part no.: 890257 0011

Dimensioned drawing

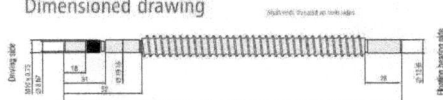

Ø 25 features

- Ø 25 mm, hardened and polished
- Material CF 53, inductively hardened (HRC 60 ± 2); (for detailed information see DIN 17212)
- Spindle pitches: 5/10 and 20 mm
- Lengths up to max. 3052 mm available
- End machining to isel standard or to order (see "Available lengths")
- Produced to DIN 69051, Part 3, Tolerance class 7

Options
- End machining to order

Available lengths

Without end machining
in 100 mm raster
- 500 to 3,000 mm
Special length to drawing: 211 14X 0999

Shaft ends on both sides machined in steps of 100 mm
- 295 to 2,995 mm

Ordering key

211 14X XXXX

Spindle pitch	End machining	Lengths
4 = 5 mm	0 = not machined	e.g. 050 = 500 mm
5 = 10 mm	2 = both sides	100 = 1000 mm
6 = 20 mm		289 = 2895 mm

See "Available lengths" for permitted combinations. (rounded to the final digit)

Ordering information

Slotted nut
- Self-locking
- M 17 × 1.0 mm
Part no.: 890259 0011

Dimensioned drawing

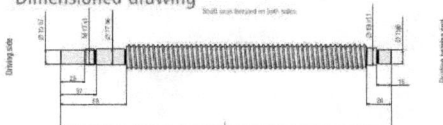

Annexe 3. *Vis écrou à bille*

Ball bearing nuts

Version 2-Ø16

Features

- Material 16MnCr5 or 20MnCr5, pressed, hardened, polished
- Versions for recirculating ball spindle Ø16 mm
- Nut pitches: 2.5/4/5/10 mm
- Balls are rerouted internally
- as block housing with base fixing
- Regreasing through grease nipples 90°, 0°

Load factors

Pitch	Nominal Ø	Dynamic load factor	Static load factor
2.5 mm	16 mm	3500 N	5500 N
4.0 mm	16 mm	4600 N	7200 N
5.0 mm	16 mm	4600 N	7200 N
10.0 mm	16 mm	4200 N	6500 N

Ordering information
only for spindles Ø16

Pitch	Part no.
2.5 mm	213 003 1003
4.0 mm	213 003 1004
5.0 mm	213 003 1005
10.0 mm	213 003 1010

matching:
Dirt scraper
- VE 2 pcs. Part no.: 213500 0001

Dimensioned drawings

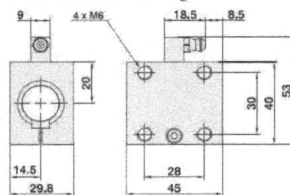

Version 3–Ø16 Ø25

Features

- Material 16MnCr5, ground
- Versions for recirculating ball spindles Ø16 and Ø25 mm
- Nut pitches: 2.5/4/5/10 and 20 mm (Ø 16 mm), 5/10 and 20 mm (Ø25 mm)
- Balls are rerouted internally
- The version with nut pitch 20 mm is supplied with scrapers

Load factors

Pitch (mm)	Nominal Ø (mm)	Dyn. load factor (N)	Static load factor (N)
2.5	16	3500	5500
4.0	16	4600	7200
5.0	16	4600	7200
10.0	16	4200	6500
5.0	25	5100	12600
10.0	25	5100	12600
20.0	25	3570	8800

Ordering information

only for spindles Ø 25

Pitch	Part no.
5.0 mm	213 700 0005
10.0 mm	213 700 0010
20.0 mm	213 700 0020

matching:
dirt scraper
- VE 2 pcs.
Part no.: 213700 9000

only for spindles Ø 16

Pitch	Part no.
2.5 mm	213 503
4.0 mm	213 514
5.0 mm	213 505
10.0 mm	213 510
20.0 mm	213 520

matching:
dirt scraper
- VE 2 pcs.
Part no.: 213500 0001

Dimensioned drawings

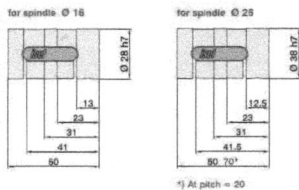

Flange bearing

for spindle ⌀ 16 mm

Flange bearing
drive side

Flange bearing
Floating bearing side

Ordering information

Flange bearing, drive side
Part no.: 216 504 0001

Flange bearing, floating
bearing side
Part no.: 216 504 0002

Features

- Bearing, spindle drive side (fixed bearing side) and the spindle floating bearing side
- Flange bearing, drive side: Bushing with two pressed angular contact ball bearings in an O-configuration
- Flange bearing, floating bearing side (counterbearing): bushing with a pressed needle bearing

Dimensioned drawings

Flange bearing
drive side

Flange bearing
Floating bearing side

for spindle ⌀ 25 mm

Flange bearing
drive side

Flange bearing
floating bearing side

Ordering information

Flange bearing, drive side
Part no.: 216 504 0006

Flange bearing, floating
bearing side
Part no.: 216 504 0005

Features

- Bearing, spindle drive side (fixed bearing side) and the spindle floating bearing side
- Flange bearing, drive side: Bushing with two pressed angular contact ball bearings in an O-configuration
- Flange bearing, floating bearing side (counterbearing): bushing with a pressed needle bearing

Dimensioned drawings

Flange bearing
drive side

Flange bearing
floating bearing side

mechanics

Drive dimensioning

Calculations

Drive torque calculation

The required drive torque is made up of
- Load torque M_{load}
- Acceleration torques M_{trans} and M_{rot}
- No load torque $M_{no\ load}$

$$M_A = M_{load} + M_{trans} + M_{rot} + M_{no\ load}$$

Load torque

$$M_{last} = \frac{F_X \cdot p}{2 \cdot \pi \cdot 1000}$$

with feed force $\quad F_X = m \cdot g \cdot \mu$

Translational Acceleration torque

$$M_{trans} = \frac{F_a \cdot p}{2 \cdot \pi \cdot 1000}$$

with feed force $\quad F_a = m \cdot a$

If used vertically, the mass acceleration a must be added to the acceleration due to gravity g (9.81 m/s^2).

Rotational acceleration torque

$$M_{rot} = \frac{J_{sp} \cdot L \cdot n_{max} \cdot a \cdot 2 \cdot \pi}{V_{max} \cdot 60 \cdot 1000}$$

Drive power

$$P = \frac{M_A \cdot n_{max}}{9550}$$

Definitions

M_A	[Nm]	required drive torque
M_{leer}	[Nm]	Torque, resulting from the various loads
M_{leer}	[Nm]	No load torque
M_{rot}	[Nm]	Rotational acceleration torque
M_{trans}	[Nm]	translational acceleration torque
F_X	[N]	Feed force
g	[m/s^2]	Acceleration due to gravity
V_{max}	[m/s]	maximum process speed
m	[kg]	The weight to be conveyed
a	[m/s2]	Acceleration
p	[mm]	Spindle pitch
P	[kW]	Power
L	[mm]	Lenght
n_{max}	[rpm]	maximum speed
μ		coefficient of friction
J_{sp}	[kgm^2/m]	Inertial torque of inertia of the spindle per meter
F_a	[N]	Accelerating force

Annexe 4. *Formules pour calculer la vis à bille*

No-Load Torque Charts

Standard-Duty Slides

No-Load Speed (rpm)	No-Load Torque (N • m) Screw Pitch		
	5	10	20
500	0.18	0.2	0.21
1500	0.22	0.24	0.25
3000	0.26	0.29	0.3

Heavy-Duty 2 Slides

No-Load Speed (rpm)	No-Load Torque (N • m) Screw Pitch			
	2.5	5	10	20
500	0.18	0.2	0.21	0.22
1500	0.24	0.24	0.25	0.26
3000	0.26	0.29	0.3	0.32

Narrow Profile 1 Slides

No-Load Speed (rpm)	No-Load Torque (N • m) Screw Pitch		
	5	10	20
500	0.14	0.15	0.16
1500	0.17	0.19	0.2
3000	0.2	0.22	0.23

Narrow Profile 2 Slides

No-Load Speed (rpm)	No-Load Torque (N • m) Screw Pitch			
	2.5	5	10	20
500	0.15	0.16	0.17	0.18
1500	0.19	0.19	0.2	0.21
3000	0.23	0.24	0.25	0.26

Annexe 5. *Constante de couple pour les systèmes vis à bille*

Two-phase step motors

MS 135/200 HT-2

Twp-phase step motor MS 135 HT - 2

Features
- Step angle 1.8°, higher resolution through microstep mode
- Very high torque through rare earth magnets
- Optimised for use with position controllers
- Optimum torque/size ratio
- Smaller step angle errors, non-cumulative
- IP43 protection class
- Optional:
  - MD 24 drive module
  - Brake (MS 200 HT)
  - Second shaft end (MS 200 HT)

General

Two-phase step motors behave similarly to synchronous motors. They are easy to control and are characterised by very long working life and reliability, at a favourable price. This results in a wide range of applications. Two-phase step motors in the MS range are of the high torque type. A particularly high torque is achieved by the use of rare earth magnets.

Technical specification

Description	Holding moment Nm	Working current per phase A	Winding voltage per phase V	Winding inductance per phase mH	Weight kg	Length (without shaft) mm	Part no.
MS 135 HT-2	1.1	3.0	2.4	2.4	0.7	56	470551
MS 200 HT-2	1.8	3.0	3.0	3.5	1.0	76	470561
MS 200 HT-2 (2nd shaft end)	1.8	3.0	3.0	3.5	1.1	76	470581 0100
MS 200 HT-2 (brake)	1.8	3.0	3.0	3.5	1.8	76	470581 0200

Wiring diagram

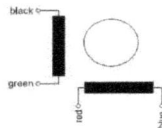

black
green
red
blue

Dimensioned drawing

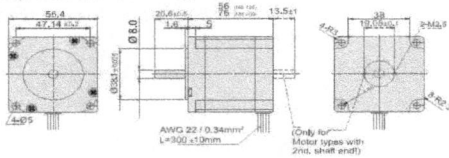

AWG 22 / 0.34mm²
L=300 ±10mm

(Only for Motor types with 2nd. shaft end)

Torque curves

MS 135 HT

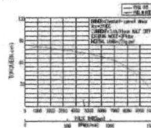

MS 200 HT

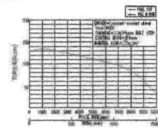

Subject to technical changes.

Annexe 6. *Caractéristiques des moteurs pas à pas*

Two-phase step motors

MS 300/600/900 HT-2

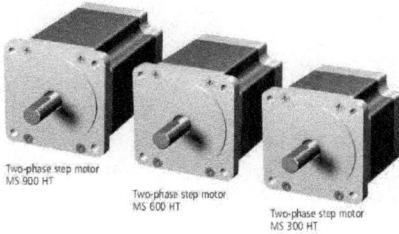

Two-phase step motor
MS 900 HT

Two-phase step motor
MS 600 HT

Two-phase step motor
MS 300 HT

Features

- Step angle 1.8°, higher resolution through microstep mode
- Very high torque through rare earth magnets
- Optimised for use with position controllers
- Optimum torque/size ratio
- 8-lead connection
- Smaller step angle errors, non-cumulative
- IP43 protection class
- Optional: MD 28 drive module

General

Two-phase step motors behave similarly to synchronous motors. They are easy to control and are characterised by very long working life and reliability, at a favourable price. This results in a wide range of applications. Two-phase step motors in the MS range are of the high torque type. A particularly high torque is achieved by the use of rare earth magnets.

Technical specification

Description	Holding torque Nm	Winding current per phase parallel/series A	Winding voltage per phase parallel/series V	Winding inductance per phase mH	Weight kg	Length (without shaft) mm	Part no.
MS 300 HT - 2	3.11	5.6 / 2.8	1.68 / 3.38	1.6	2.0	66	470821
MS 600 HT - 2	6.80	7.0 / 3.5	2.28 / 4.55	2.4	3.0	98	470851
MS 900 HT - 2	9.00	6.3 / 3.1	2.84 / 5.67	4.2	4.5	126	470681

Wiring diagram

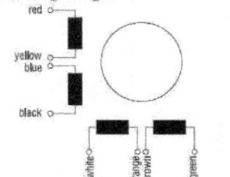

red

yellow
blue

black

white
orange
brown
green

Dimensioned drawing

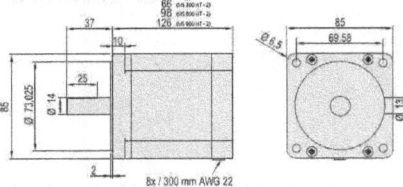

66 (MS 300 HT - 2)
98 (MS 600 HT - 2)
126 (MS 900 HT - 2)

37
10
25
Ø 14
Ø 73.025
85
2

85
69.58
Ø 6.5
Ø 13

8x / 300 mm AWG 22

Torque curves

MS 300 HT

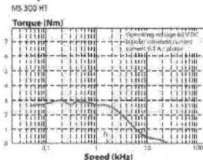

MS 600 HT

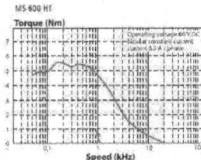

MS 900 HT

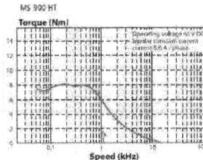

Torque (Nm)

Speed (kHz)

Subject to technical changes.

Matériaux	Relation $R_{eg} = f(R_e)$
Acier doux ($R_e \leq 270$ MPa) Alliages d'aluminium	$R_{eg} = 0,5\, R_e$
Aciers mi-durs ($320 < R_e < 500$ MPa)	$R_{eg} = 0,7\, R_e$
Aciers durs ($R_e \geq 600$ MPa) Fontes	$R_{eg} = 0,8\, R_e$

Relation générale $R_{eg} = f(R_e)$

$$R_{eg} = \frac{k_0}{1+k_0} \cdot R_e \qquad k_0 = \frac{R_e}{R_{ec}}$$

R_{ec} : résistance élastique à la compression

Annexe 7. *Relation de la résistance élastique à la traction et la résistance élastique au glissement*

Diamètre nominal d	0,6	0,8	1	1,2	1,5	2	2,5	3	4	5
a	0,08	0,1	0,12	0,16	0,2	0,25	0,3	0,4	0,5	0,63
c	0,12	0,16	0,2	0,25	0,3	0,35	0,4	0,5	0,63	0,8
L js 15	2 3 4 5 6	2 3 4 5 6	4 5 6 8 10	4 5 6 8 10 12	4 5 6 8 10 12 14 16	6 8 10 12 14 16 20 25	6 8 10 12 14 16 20 25	8 10 12 14 16 20 25 30	8 10 12 14 16 20 25 30 35 40 45	10 12 14 16 20 25 30 35 40 45 50

Annexe 8. Dimensions de goupilles cylindriques

Linear guide rails

LFS-8-1
LFS-8-2

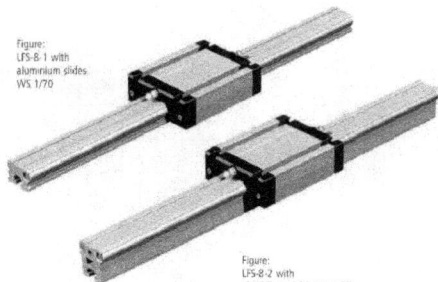

Figure:
LFS-8-1 with
aluminium slides
WS 1/70

Figure:
LFS-8-2 with
aluminium slides WS 1/70

Features

- W 30 x H 20 mm (LFS-8-1)
  W 30 x H 32.5 mm (LFS-8-2)
- 2 precision steel shafts Ø 8
- Anti-twist lock
- Aluminium shaft housing profile,
  naturally anodised
- Fixing from below with
  M6 tapped rails in
  T-key insert
- Conditionally self-supporting
- Special lengths to order
- Weights: appr.1.6 kg/m (LFS-8-1)
  appr. 2.0 kg/m (LFS-8-2)

Options:
- stainless design
- drilled for M6 (LFS-8-1 only)

Ordering key

235 00X XXXX

LFS-8-1/standard = 0
LFS-8-1/stainless = 1

LFS-8-2/standard = 2
LFS-8-2/stainless = 3

Length in mm (in 100 mm raster)
e.g. **0029** = Length 298
0299 = Length 2998

Steel shaft length: Total length L - 3 mm

Profile up to 6,000 mm available without impact connection,
steel shafts divided.

Load data

Shaft slide WS 1/70	
C₀	3114 N
C	1846 N
F₁ stat.	2659 N
F₁ dyn.	1576 N
F₂ stat.	3114 N
F₂ dyn.	1846 N
M₁ stat.	37.3 Nm
M₂ stat.	100.5 Nm
M₃ stat.	117.6 Nm
M₁ dyn.	22.1 Nm
M₂ dyn.	59.5 Nm
M₃ dyn.	69.7 Nm

Shaft slide WS 1	
C₀	4580 N
C	2390 N
F₁ stat.	3920 N
F₁ dyn.	2041 N
F₂ stat.	4580 N
F₂ dyn.	2390 N
M₁ stat.	55.0 Nm
M₂ stat.	148.1 Nm
M₃ stat.	173.4 Nm
M₁ dyn.	28.6 Nm
M₂ dyn.	77.1 Nm
M₃ dyn.	90.2 Nm

Carriage LW 6	
C₀	2160 N
C	4000 N
F₁ stat.	4320 N
F₁ dyn.	3792 N
F₂ stat.	2160 N
F₂ dyn.	4000 N
M₁ stat.	121.1 Nm
M₂ stat.	194.4 Nm
M₃ stat.	97.2 Nm
M₁ dyn.	106.3 Nm
M₂ dyn.	170.8 Nm
M₃ dyn.	180.0 Nm

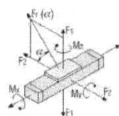

$$F_1(\alpha) = \frac{F_1}{\cos \alpha}$$

$$F_1(\alpha) = \frac{F_1}{\sin \alpha}$$

Aluminium slide

- With recirculating ball guide
- Clamping surface plane milled
- M6 T-key inserts
- Central lubrication option
- Adjustable for no play
- Option: stainless design

L 96 x W 72 x H 28.5 mm (WS 1/70)
(Weight: appr. 0.4 kg)
Part no.: 223100 0070
Stainless steel: 223101 0070

L 126 x W 72 x H 28.5 mm (WS 1)
(Weight: appr. 0.5 kg)
Part no.: 223100
Stainless steel: 223101

Carriage LW 6

- L 125 × W 90 × H 7.7 mm
- ground steel plate
- 4 rollers Ø 31,
  sealed for life
- adjustable for no play
- Weight: appr. 1 kg

Part no.: 223011

made by **isel**

Annexe 9. *Système de guidage linéaire type LFS*

Linear guide rails

LFS-8-1
LFS-8-2

Bending

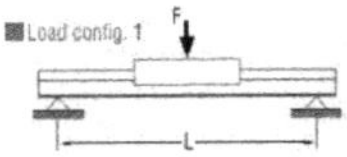

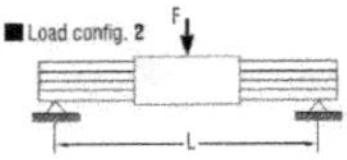

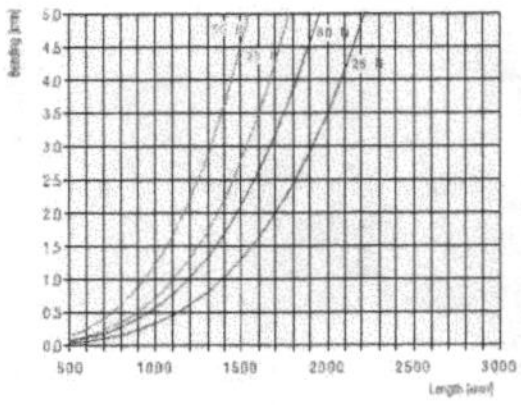

Load config. 1

Load config. 2

LFS-8-1

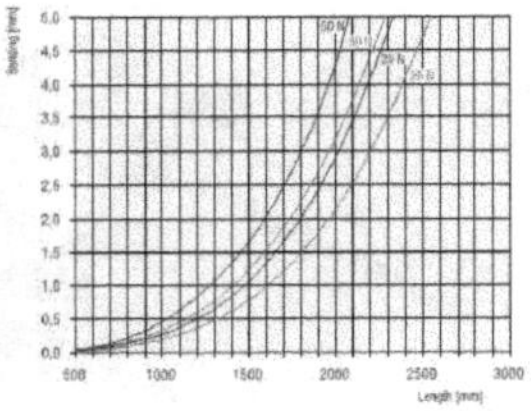

LFS-8-2

Dimensioned drawings

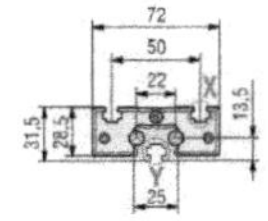

LFS-8-1 or LFS-8-2 with aluminium slide WS 1/70 or WS 1

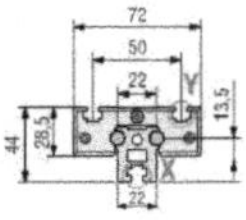

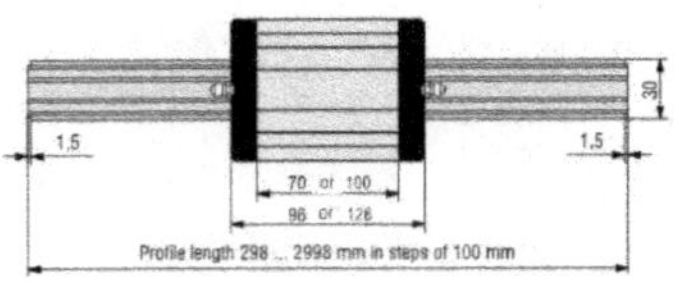

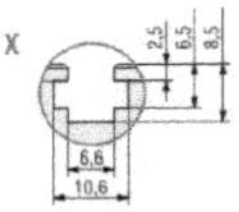

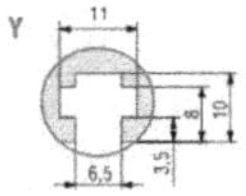

70 or 100
96 or 126

Profile length 298 ... 2998 mm in steps of 100 mm

LFS-8-1

LFS-8-2

X

Y

LFS-8-1 or LFS-8-2 with carriage LW 6

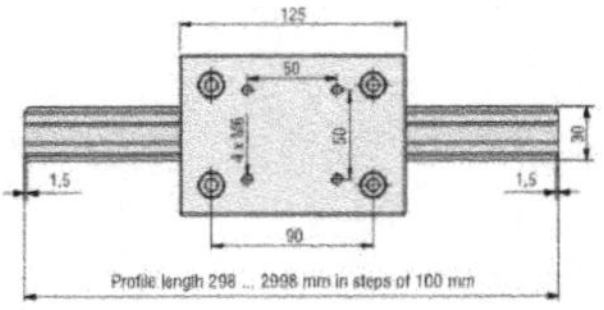

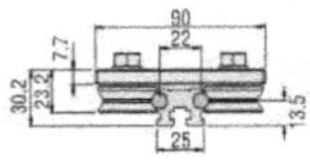

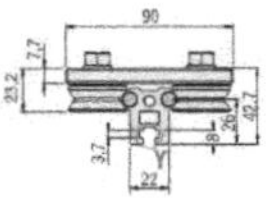

Profile length 298 ... 2998 mm in steps of 100 mm

LFS-8-1

LFS-8-2

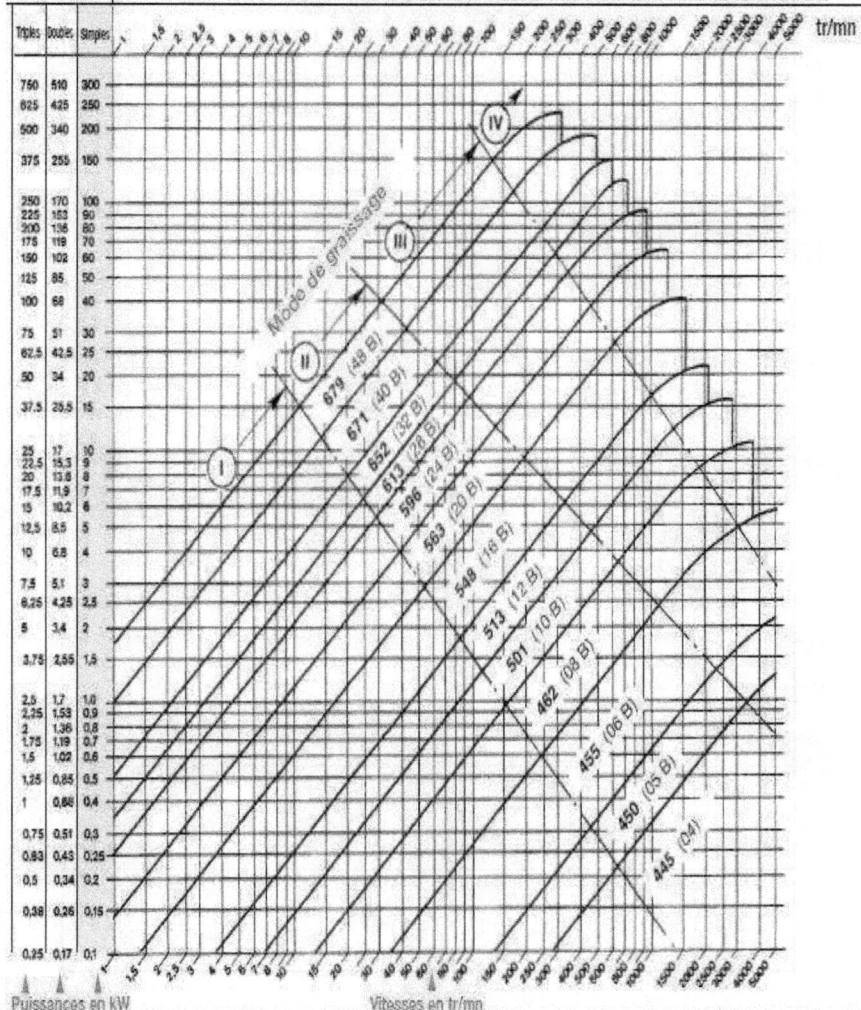

Annexe 10. *Abaque des chaine série européenne NF E 26-102, ISO R 606*

PIGNONS STANDARD EN ACIER
POUR CHAÎNES AUX NORMES EUROPÉENNES ISO

Les nombres de dents en chiffres gras couleur sont stockés en grandes quantités et sont à choisir par priorité. Ceux en chiffres noirs sont fabriqués et stockés en moindres quantités. De ce fait, leur prix est relativement plus élevé.

CHAÎNES			PIGNONS EN ACIER DEMI DUR - PCR x réf. chaîne x nb dents x matière																			
PAS mm	DENTS		10	11	12	13	14	15	16	17	18	19	20	21	22	23	24	25	26	28	30
	REF	D	40	43	47	49	52	55	58	61	64	67	70	73	76	79	82	85	88	94	100
9,5	SIMPLE 06B	A	8	8	8	10	10	10	10	10	10	10	10	12	12	12	12	12	12	12	12
		M	20	22	25	28	31	34	37	40	43	45	46	48	50	52	54	57	60	60	60
		L	22	25	25	25	25	25	28	28	28	28	28	28	28	28	28	28	28	28	30
	DOUBLE 06B2	A	8	10	10	10	10	10	12	12	12	12	12	12	12	12	12	12	12	12	12
		M	20	22	25	28	31	34	37	40	43	46	49	52	55	58	61	64	67	73	79
		L	22	25	25	25	25	25	30	30	30	30	30	30	30	30	30	30	30	30	30
	TRIPLE 06B3	A	10	10	10	10	12	12	12	12	12	12	12	14	14	14	14	14	14	14	14
		M	20	22	25	28	31	34	37	40	43	46	49	52	55	58	61	64	67	73	79
		L	32	35	35	35	35	35	35	35	35	35	35	40	40	40	40	40	40	40	40
		D	54	58	62	66	70	74	78	82	86	90	94	98	102	106	110	114	118	126	134
12,7	SIMPLE 08B	A	10	10	10	10	10	10	12	12	12	12	12	12	14	14	14	14	16	16	16
		M	28	29	33	37	41	45	50	52	56	60	64	68	70	70	70	70	70	70	80
		L	25	25	28	28	28	28	28	28	28	28	28	28	28	28	28	28	30	30	30
	DOUBLE 08B2	A	10	12	12	12	12	12	14	14	14	14	14	14	16	16	16	16	16	20	20
		M	28	32	35	38	42	45	50	54	58	62	66	70	70	70	75	80	85	90	100
		L	32	35	35	35	35	35	35	35	35	35	35	40	40	40	40	40	40	40	40
	TRIPLE 08B3	A	12	16	16	16	16	16	16	16	16	16	16	20	20	20	20	20	20	20	20
		M	28	32	35	38	42	45	50	54	58	62	66	70	70	70	75	80	85	90	100
		L	46	50	50	50	50	50	50	50	50	50	50	55	55	55	55	55	55	55	55
		D	66	71	76	81	86	91	96	101	106	112	117	122	127	132	137	142	147	157	167
15,8	SIMPLE 10B	A	10	12	12	12	12	12	12	12	14	14	14	16	16	16	16	16	20	20	20
		M	35	37	42	47	52	57	60	60	70	70	75	75	80	80	80	80	85	90	90
		L	25	30	30	30	30	30	30	30	30	30	30	30	30	30	30	30	35	35	35
	DOUBLE 10B2	A	12	14	14	14	14	14	16	16	16	16	16	16	16	16	16	16	20	20	20
		M	35	39	44	49	54	59	84	69	74	79	84	85	90	95	100	105	110	115	120
		L	40	40	40	40	40	40	45	45	45	45	45	45	45	45	45	45	45	45	45
	TRIPLE 10B3	A	16	16	16	16	16	16	16	16	16	16	16	20	20	20	20	20	20	20	20
		M	35	39	44	49	54	59	64	69	74	79	84	85	90	95	100	105	110	115	120
		L	55	55	55	55	55	55	60	60	60	60	60	60	60	60	60	60	60	60	60
		D	78	84	90	96	102	108	114	120	126	132	138	144	150	156	162	169	175	187	199
19,05	SIMPLE 12B	A	12	14	14	14	14	14	16	16	16	18	18	20	20	20	20	20	20	20	20
		M	42	46	52	58	64	70	75	80	80	80	80	90	90	90	90	90	95	95	95
		L	30	35	35	35	35	35	35	35	35	35	35	40	40	40	40	40	40	40	40
	DOUBLE 12B2	A	12	16	16	16	16	16	20	20	20	20	20	20	20	20	20	20	20	20	20
		M	42	47	53	59	65	71	77	83	89	95	100	100	100	110	110	120	120	120	120
		L	45	50	50	50	50	50	50	50	50	50	50	50	50	50	50	50	50	50	50
	TRIPLE 12B3	A	16	20	20	20	20	20	20	20	20	20	20	20	20	20	20	20	20	20	20
		M	42	47	53	59	65	71	77	83	89	95	100	100	100	110	110	120	120	120	120
		L	65	70	70	70	70	70	70	70	70	70	70	70	70	70	70	70	70	70	70
		D	106	114	122	130	138	146	154	162	170	178	186	194	202	210	218	226	235	251	267
25,4	SIMPLE 16B	A	18	16	16	16	16	16	20	20	20	20	20	20	20	20	20	20	20	20	20
		M	55	69	69	78	84	92	100	100	100	100	100	110	110	110	110	110	120	120	120
		L	35	40	40	40	40	40	45	45	45	45	45	45	50	50	50	50	50	50	50
	DOUBLE 16B2	A	16	20	20	20	20	20	20	20	20	20	20	20	25	25	25	25	25	25	25
		M	56	72	72	80	88	96	104	112	120	128	130	130	130	130	130	130	130	130	130
		L	65	70	70	70	70	70	70	70	70	70	70	70	70	70	70	70	70	70	70
	TRIPLE 16B3	A	20	25	25	25	25	25	30	30	30	30	30	30	30	30	30	30	30	30	30
		M	56	72	72	80	88	96	104	112	120	128	130	130	130	130	130	130	130	130	130
		L	95	100	100	100	100	100	100	100	100	100	100	100	100	100	100	100	100	100	100
		D	130	142	150	160	170	180	190	200	210	220	230	240	250	260	271	281	291	311	331
31,75	SIMPLE 20B	A	20	20	20	20	20	20	25	25	25	25	25	25	25	25	25	25	25	25	25
		M	70	77	68	98	108	118	120	120	120	120	120	140	140	140	140	140	150	150	180
		L	40	45	45	45	45	45	50	50	50	50	50	55	55	55	55	55	55	55	55
	DOUBLE 20B2	A	20	20	20	20	20	20	25	25	25	25	25	25	25	25	25	25	25	25	25
		M	70	80	90	100	110	120	120	120	120	120	120	140	140	140	140	140	150	150	150
		L	75	80	80	80	80	80	80	80	80	80	80	80	80	80	80	80	80	80	80
		D	159	171	183	195	207	219	231	243	255	267	279	291	304	316	328	340	352	376	400
38,1	SIMPLE 24B	A	25	25	25	25	25	25	25	25	25	25	25	25	25	25	25	25	30	30	30
		M	80	90	102	114	128	140	140	140	140	140	140	150	150	150	150	150	160	160	160
		L	45	50	50	50	50	50	55	55	55	55	55	60	60	60	60	60	60	60	60
	DOUBLE 24B2	A	25	25	25	25	25	25	25	25	25	25	25	25	25	25	25	25	30	30	30
		M	80	90	102	114	128	140	150	150	150	160	160	160	160	160	160	160	160	160	160
		L	95	100	100	100	100	100	100	100	100	100	100	100	100	100	100	100	100	100	100

Annexe 11. *Dimensions de pignons standard en acier, norme européenne*

Matériaux en contact	Nature du frottement	μ	Matériaux en contact	Nature du frottement	μ
Acier / Fonte Acier / Bronze	Sec	0,19	Garniture de frein / Fonte pression de contact 0,2 à 0,6 MPa	Sec Température 140 °C max.	0,35 à 0,40
	Gras	0,16			
	Bon graissage	0,10	Plastique / Plastique	Bon graissage	0,02 à 0,08
Acier / Antifriction	Bon graissage	0,05	PA 6/6 / Acier	Sec	0,32 à 0,42
Fonte / Bronze Fonte / Fonte	Sec	0,21	PA 11 / Acier	Sec	0,32 à 0,38
	Gras	0,15	PC / Acier	Sec	0,52 à 0,58
	Bon graissage	0,05 à 0,10	PE / Acier	Sec	0,24 à 0,28
Acier trempé / Bronze	Graissage moyen	0,10	PS / Acier	Sec	0,35 à 0,5
	Graissage sous pression	0,05	PTFE / Acier	Sec	0,22
Acier trempé / Acier trempé	Graissage moyen	0,10	Pneus / Route goudronnée	Sec	0,60 à 0,70
	Bon graissage	0,07		Mouillé	0,35 à 0,60
	Graissage sous pression	0,05		Verglacé	0,10
Paliers valeurs de μ					
Palier à roulements	0,0015 à 0,0050		Paliers lisses Acier trempé / Bronze	Graissage onctueux	0,01 à 0,1
Coussinets frittés (§ 63.1)	0,04 à 0,20			Film discontinu	0,01 à 0,04
Coussinets autolubrifiants (§ 63.2)	0,03 à 0,25			Hydrodynamique	0,001 à 0,08

NOTA : On dit aussi improprement « coefficient de frottement f ».

Annexe 12. *Coefficients de frottement*

Coussinets frittés

Coussinets cylindriques

d	D	L	d	D	L
2	5	2-3	18	24	18-22-28-36
4	8	4-8-12	20	26	16-20-25-32
5	9	4-5-8	22	28	18-22-28-36
6	10	6-10-12-16	25	32	20-25-32-40
8	12	8-12-16-20	28	36	22-28-36-45
10	16	10-16-20-25	30	38	24-30-38
12	18	12-16-20-25	32	40	20-25-32-40-50
14	20	14-18-22-28	35	45	25-35-40-50
15	21	16-20-25-32	40	50	25-32-40-50
16	22	16-20-25-32	45	55	35-45-55-65

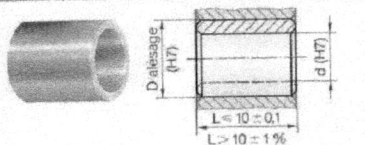

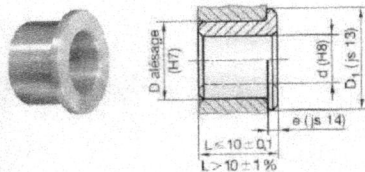

Coussinets à collerette

d	D	D_1	e	L	d	D	D_1	e	L
3	6	9	1,5	4-6-10	20	26	32	3	16-20-25-32
4	8	12	2	4-8-12	22	28	34	3	15-20-25-30
6	10	14	2	6-10-16	25	32	39	3,5	20-27-32
8	12	16	2	8-12-16	28	36	44	4	22-28-36
10	16	22	2	8-10-16	30	38	46	4	20-25-30
12	18	24	3	8-12-20	32	40	48	4	20-25-30-32
14	20	26	3	14-18-22-28	36	45	54	4,5	22-28-36
16	22	28	3	16-20-25-32	40	50	60	5	25-32-40
18	24	30	3	18-22-28	50	60	70	5	32-40-50

$L \leqslant 10 \pm 0,1$
$L > 10 \pm 1\%$

$L \leqslant 10 \pm 0,1$
$L > 10 \pm 1\%$

Arbre	Dureté	HB > 200
	Tolérance	f7
	État de surface	Ra < 0,2

EXEMPLE DE DÉSIGNATION :

Coussinet cylindrique fritté, d × D × L   ISO 2795
Coussinet à collerette fritté, Cd × D × L   ISO 2795

Ces coussinets sont en bronze fritté à structure poreuse.
Ils sont imprégnés d'huile jusqu'à saturation*. Sous l'effet
de la rotation de l'arbre, l'huile est aspirée et crée une
excellente lubrification.
Facteur de frottement µ = 0,04 à 0,20 .

Détermination d'un coussinet

p	×	v	=	1,8
Pression spécifique en MPa	Vitesse linéaire d'un point	Valeur maximale expérimentale		
$p = \dfrac{\text{Charge radiale}}{\text{Surface projetée}}$	de la périphérie de l'arbre en m/s.	pour les matériaux donnés.		

Exemple de détermination de la longueur L.
On donne la charge radiale Q = 1 750 N, le diamètre de
l'arbre d = 20 mm et la fréquence de rotation n = 500 tr/min.
La lecture de l'abaque donne une pression p = 3,5 MPa.
Soit S = 1 750/3,5 = 500 mm².
On a S = d·L, d'où longueur L du coussinet :
L = 500/20 = 25 mm.

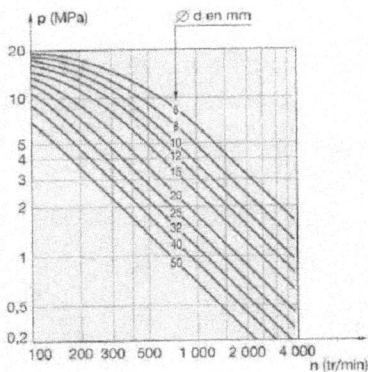

* Huile minérale 8° Engler à 50 °C.

Annexe 13. *Dimensions des coussinets frittés*

55.1 Principaux matériaux

	Métaux ferreux					Métaux non ferreux			
	Visserie					Visserie			
Catégorie	Matière	État	Rm*	Re**		Matière	État	Rm*	Re**
Non traité	S 250 Pb	Non défini	370	215		Polyamide	(PA 6/6)	60	–
	S 235		340	235		Cu Pb	1/2 dur	350	300
	S 275		410	275		Cu Zn 39 Pb 2	1/4 dur	580	200
	E 335	Recuit	570	360		EN AW-2017	Trempé-mûri	390	240
Traité	C 35	Trempé et revenu	800	620		EN AW-5086	1/4 dur	270	190
	C 45		830	665		EN AW-7075	Trempé-revenu	520	440
	25 Cr Mo 4		930	785		Rondelles			
	35 Cr Mo 4		1 100	950		Polyamide	(PA 6/6)	60	–
Inoxydable	X5 Cr Ni 18-10	Non défini	510	195		Cu Pb	1/2 dur	350	300
	X30 Cr Ni 18-10	Trempé-revenu	900	750		Cu Zn 39 Pb 2	1/4 dur	580	200
Rondelles						EN AW-1050	1/2 dur	100	75
Plates	S 235	Non défini	340	235		EN AW-5086	1/4 dur	270	190
	X5 Cr Ni 18-10		510	195		Goupilles fendues			
Goupilles						Cu a2	Recuit	230	70
Cylindriques	X30 Cr 13	Trempé-Revenu	HRC ≥ 60			Cu Zn 33		300	–
Fendues	S 185	Non défini	330	160		EN AW-5086		240	95

Annexe 14. *Matériaux pour les visseries*

d	M1,6	M2	M2,5	M3	M4	M5	M6	M8	M10	M12	M16
a	–	–	–	(1)	(1,4)	(1,6)	(2)	(2,5)	(3)	5,25	6
k_1	–	–	–	–	–	–	(4)	(5,5)	(7)	9	11
k_2	–	–	–	(3)	(4)	(5)	(6)	(8)	(10)	12	16
s_1	–	–	–	–	–	–	(8)	(11)	(13)	16	18
s_2	–	–	–	(3,2)	(4)	(5)	(6)	(8)	(10)	13	16
s_3	0,7	0,9	1,3	1,5	2	2,5	3	4	5	6	8

d	l*
1,6	2 - 2,5 - 3 - 4 - 5 - 6 - 8
2	2 - 2,5 - 3 - 4 - 5 - 6 - 8 - 10
2,5	2,5 - 3 - 4 - 5 - 6 - 8 - 10 - 12
3	3 - 4 - 5 - 6 - 8 - 10 - 12 - 16
4	4 - 5 - 6 - 8 - 10 - 12 - 16 - 20
5	5 - 6 - 8 - 10 - 12 - 16 - 20 - 25
6	6 - 8 - 10 - 12 - 16 - 20 - 25 - 30
8	8 - 10 - 12 - 16 - 20 - 25 - 30 - 35 - 40
10	10 - 12 - 16 - 20 - 25 - 30 - 35 - 40 - 45 - 50
12	12 - 16 - 20 - 25 - 30 - 35 - 40 - 45 - 50 - 55 - 60
16	16 - 20 - 25 - 30 - 35 - 40 - 45 - 50 - 55 - 60

Tête hexagonale réduite NF E 25-133

Extrémité normale : TL

Tête carrée réduite NF E 25-134

Extrémité normale : TC

Sans tête à six pans creux NF EN ISO 4026 à 4029**

EXEMPLE DE DÉSIGNATION : **Vis sans tête à six pans creux à bout plat ISO 4026 – Md × l – classe de qualité***.

* Classe de qualité ou la matière (chapitre 55).

Annexe 15. *Choix de vis de pression*

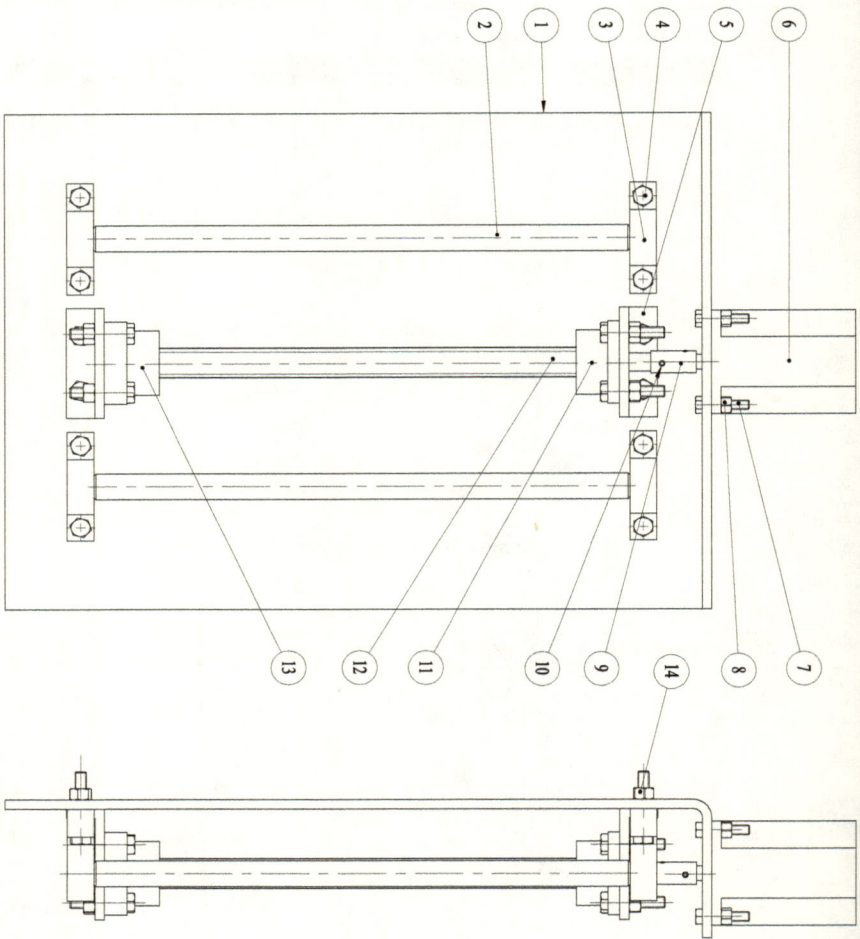

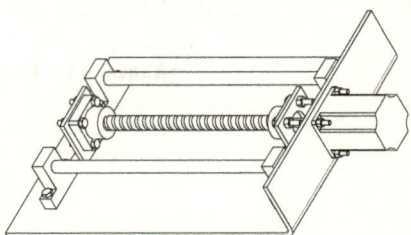

	Echelle 1 : 2	Système porte outil		Dessiné par Hamza ELKHALDI
A3		Ecole Nationale d'Ingénieurs de Sfax	2012-2013	Encadré par Moez FRIKHA

REP.	NB.	DESIGNATION	MATIERE	OBS.
14	20	Ecrou H M6		NF EN ISO 4035
13	1	Palier partie libre Ø 16		LFS 2165040002
12	1	Vis à bille M16x300		LFS 2111350030
11	1	Palier partie moteur Ø 16		LFS 2165040001
10	2	Goupille cylindrique 1.5 x 12	C80	NF EN ISO 2338
9	1	Bague accouplement	C45	
8	4	Ecrou H M5		NF EN ISO 4032
7	4	Vis H M5 x 25		NF EN ISO 4017
6	1	Moteur pas à pas		MS 200 HT-2
5	2	Support vis à bille	S235	
4	20	Vis H M6 x 35		NF EN ISO 4017
3	4	Porte colonne	S235	
2	2	Colonne	S235	
1	1	Support de moteur Z	S235	
REP.	NB.	DESIGNATION	MATIERE	OBS.

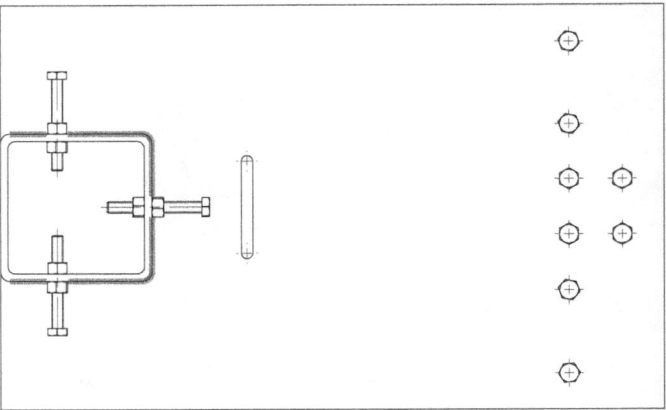

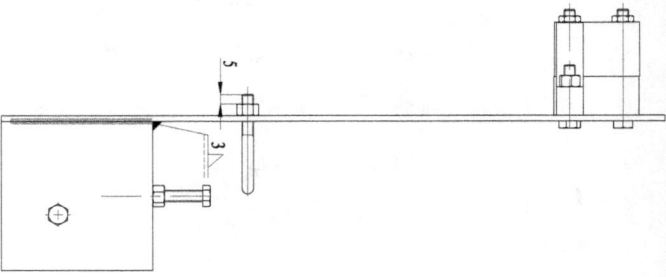

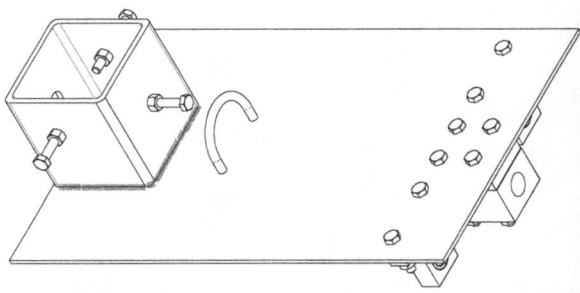

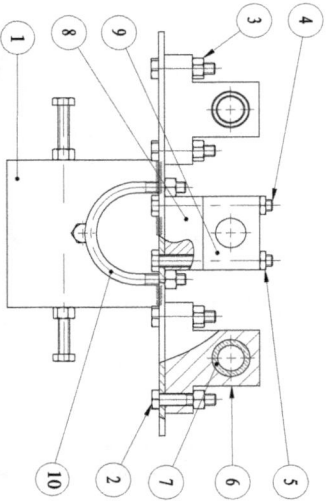

Echelle 1 : 2		Assemblage support outil		Dessiné par Hamza ELKHALDI
A3		Ecole Nationale d'Ingénieurs de Sfax	2012-2013	Encadré par Moez FRIKHA

REP.	NB.	DESIGNATION	MATIERE	OBS.
10	1	Tige fileté en U M6	C45	
9	1	Ecrou à bille M16		LFS 2130031010
8	1	Porte écrou	S235	
7	2	Coussinet 14 x 20 x 14		ISO 2795
6	2	Porte coussinet	S235	
5	4	Ecrou H M6		NF EN ISO 4035
4	7	Vis H M6 x 60		NF EN ISO 4017
3	12	Ecrou H M6		NF EN ISO 4032
2	4	Vis H M6 x 30		NF EN ISO 4014
1	1	Support outil	S235	
REP.	NB.	DESIGNATION	MATIERE	OBS.

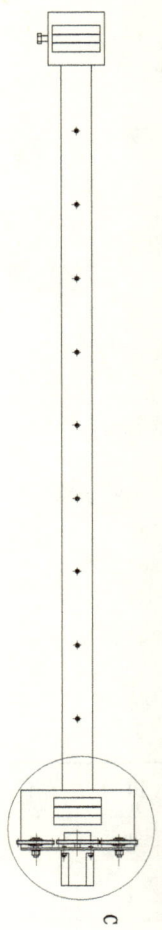

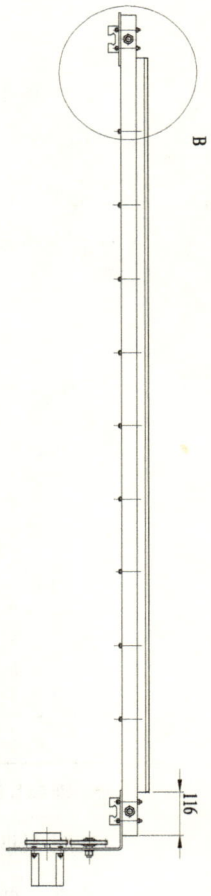

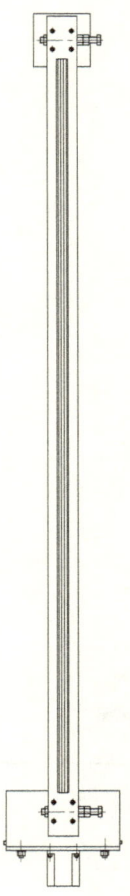

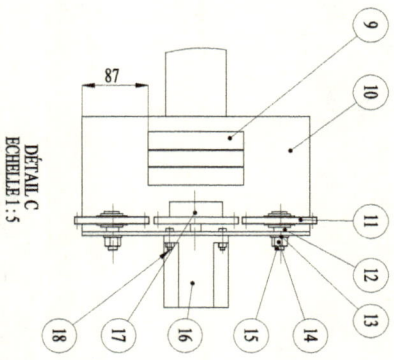

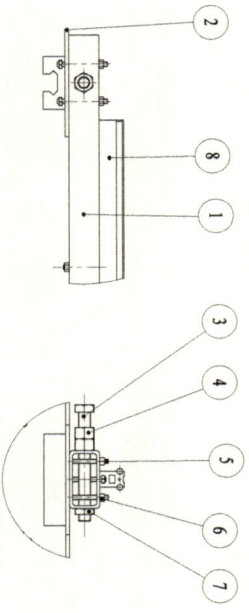

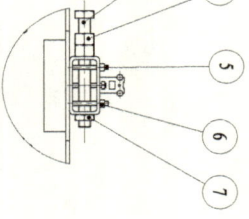

DÉTAIL B
ECHELLE 1 : 5

DÉTAIL A
ECHELLE 1 : 5

DÉTAIL C
ECHELLE 1 : 5

B

C

A

116

87

Echelle 1 : 2

A3

Portique

Ecole Nationale d'Ingénieurs de Sfax

Dessiné par
Hamza ELKHALDI

Encadré par
Moez FRIKHA

2012-2013

REP.	NB.	DESIGNATION	MATIERE	OBS.
19	1	Vis sans tête HC M8 x 35		NF EN ISO 4026
18	4	Vis H M6 x 25		NF EN ISO 4014
17	1	Pignon Ø 112		PCR 10B 19 A
16	1	Moteur pas à pas		MS 600 HT-2
15	2	Axe		A1-795-10
14	2	Ecrou H M12		NF EN ISO 4032
13	2	Rondelle plate N-12		ISO 10673
12	2	Bague	Cu Sn7Pb7Zn3	
11	2	Pignon tendeur Ø 93		A1-79-10
10	1	Support de moteur X	S235	
9	2	Chariot		LFS WS 1/70
8	1	Rail 2 mêtres		LFS 8-2
7	2	Ecrou H M16		NF EN ISO 4017
6	12	Ecrou H M6		NF EN ISO 4032
5	8	Vis H M6 x 60		NF EN ISO 4017
4	4	Ecrou H M16		NF EN ISO 4035
3	2	Vis H M16 x 150		NF EN ISO 4017
2	1	Cale de portique	S235	
1	1	Poutre de portique	S235	
REP.	NB.	DESIGNATION	MATIERE	OBS.

72

A

A-A

11.4

11 8 7 13 10 9

4 2 3 5 6 12 1 14

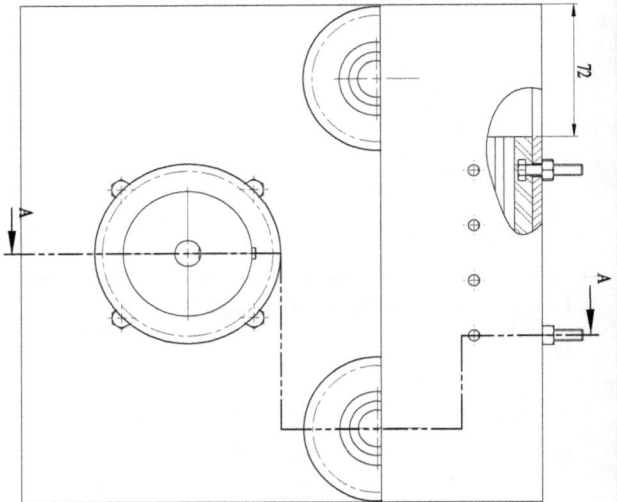

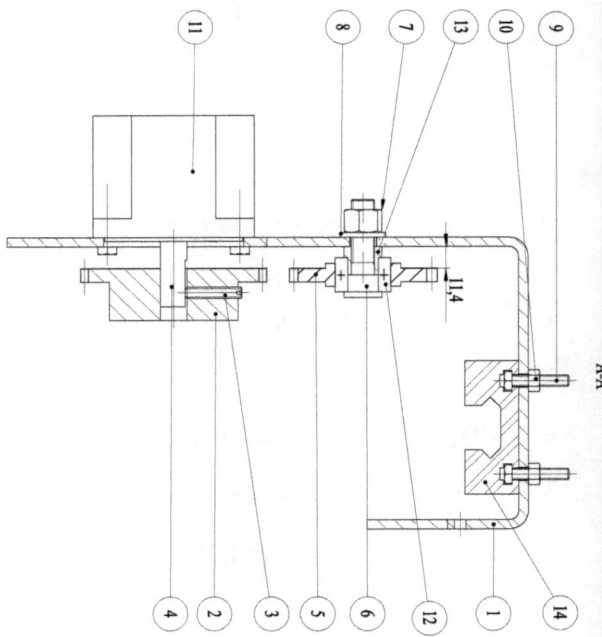

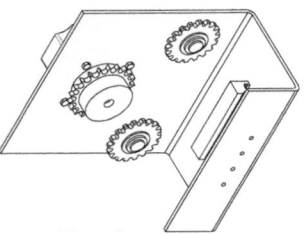

Echelle 1 : 2		Système de guidage suivant Y		Dessiné par Hamza ELKHALDI
A3		Ecole Nationale d'Ingénieurs de Sfax	2012-2013	Encadré par Moez FRIKHA

REP.	NB.	DESIGNATION	MATIERE	OBS.
14	1	Charoit		LFS WS 1/70
13	2	Bague	Cu Sn7Pb7Zn3	
12	2	Roulement à bille		
11	1	Moteur pas à pas		MS 300 HT-2
10	8	Ecrou H M6		NF EN ISO 40332
9	8	Vis H M6 x 30		NF EN ISO 4017
8	2	Rondelle plate N-12		ISO 10673
7	2	Ecrou H M12		NF EN ISO 40332
6	2	Axe		A1-795-08
5	2	Pignon tendeur Ø 78		A1-79-08
4	1	Arbre moteur		
3	1	Vis sans tête HC M8 x 35		ISO 4026
2	1	Pignon Ø 98		PCR 08B 21 A
1	1	Support moteur Y	S235	

B-B

A-A

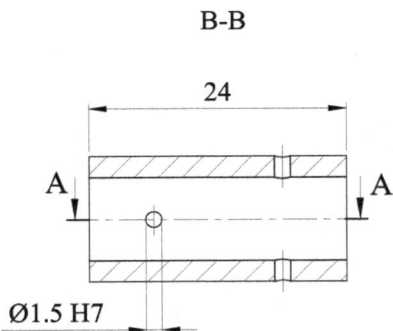

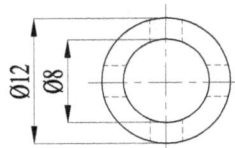

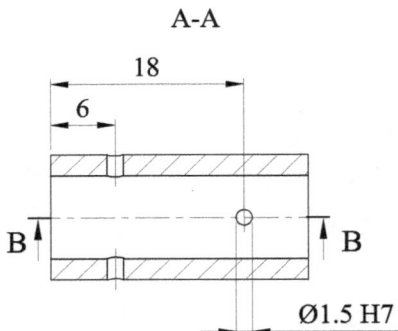

Tolérancement : ISO 2768-mk

Etats de surface : Ra 3.2 partout sauf indications

9	1	Bague accouplement	C45	
REP.	NB.	DESIGNATION	MATIERE	OBS.
Echelle 2:1		Machine CNC de découpage de tôles		Dessiné par Hamza ELKHALD
				Encadré par Moez FRIKHA
A4		Ecole Nationale d'Ingénieurs de Sfax	2012-2013	

14xØ6.4H12
⊕ Ø0.2 A B

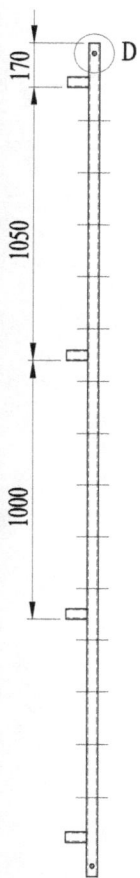

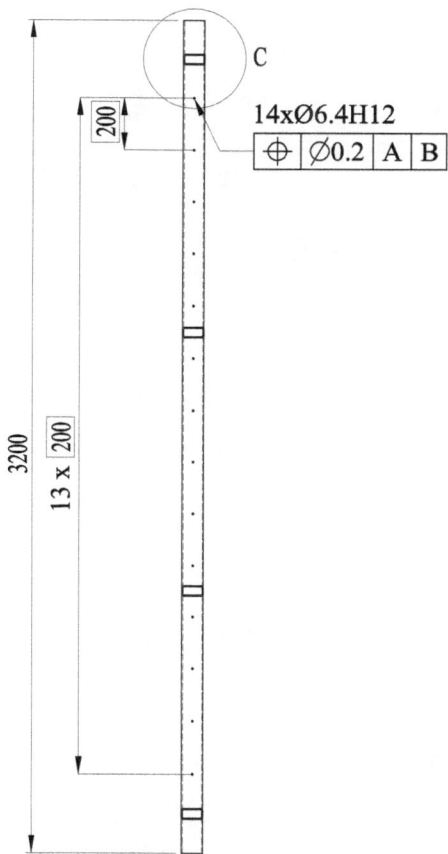

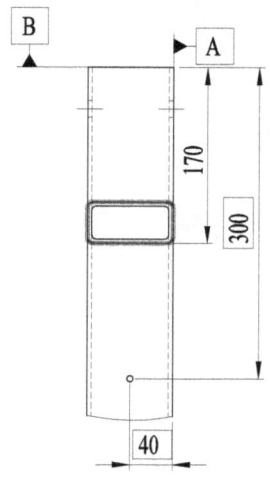

DÉTAIL C
ECHELLE 1 : 5

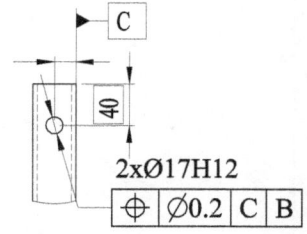

2xØ17H12
⊕ Ø0.2 C B

DÉTAIL D
ECHELLE 1 : 5

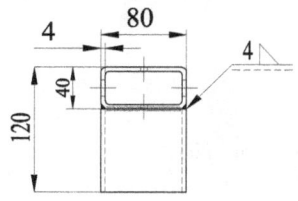

DÉTAIL E
ECHELLE 1 : 5

Tolérancement : ISO 2768-mk

Ra 6.3

Etats de surface :
partout sauf indications

7	2	Bloc supérieur de support	S235	
REP.	NB.	DESIGNATION	MATIERE	OBS.

Echelle 1: 20	Machine CNC de découpage de tôles	Dessiné par Hamza ELKHALDI
A4	Ecole Nationale d'Ingénieurs de Sfax	2012-2013	Encadré par Moez FRIKHA

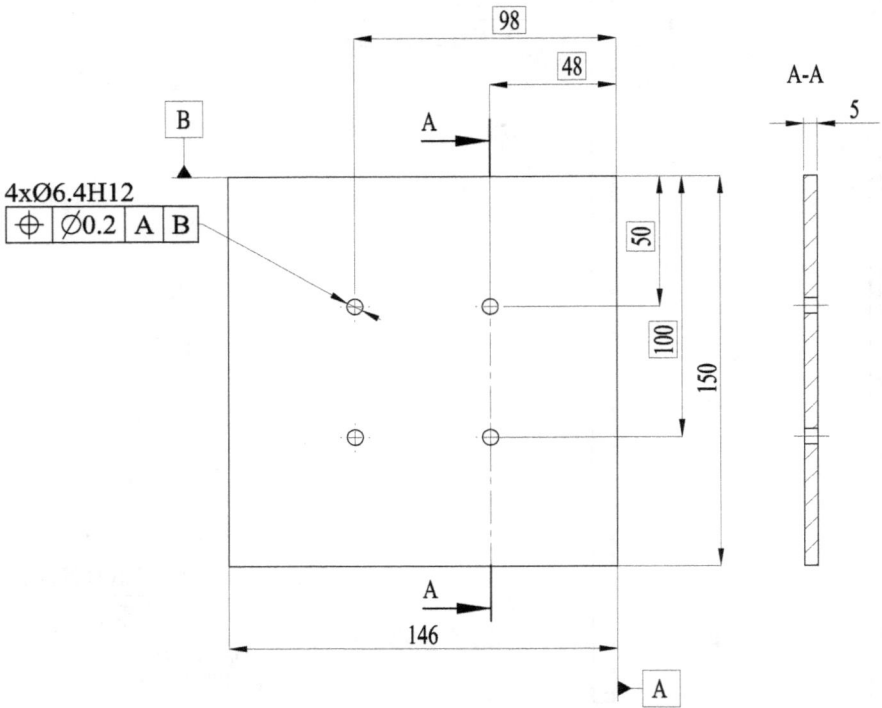

98

48

A-A

B

A

5

4xØ6.4H12

⊕ | ⌀0.2 | A | B

50

100

150

A

146

A

Tolérancement : ISO 2768-mk

Ra 6.3

Etats de surface :   partout sauf indications

2	1	Cale de portique	S235	
REP.	NB.	DESIGNATION	MATIERE	OBS.
Echelle 1: 2		Machine CNC de découpage de tôles		Dessiné par Hamza ELKHALDI
				Encadré par Moez FRIKHA
A4		Ecole Nationale d'Ingénieurs de Sfax	2012-2013	

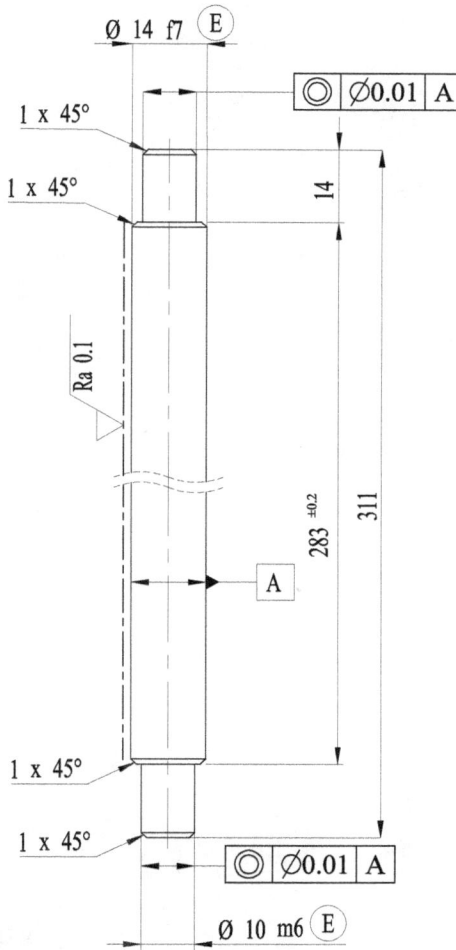

Ø 14 f7 (E)

◎ | ⌀0.01 | A

1 x 45°

1 x 45°

14

Ra 0.1

283 ±0.2   311

A

1 x 45°

1 x 45°

◎ | ⌀0.01 | A

Tolérancement : ISO 2768-mk

Ø 10 m6 (E)

Ra 3.2

Etats de surface :
partout sauf indications

2	2	Colonne	S235	Chromage 0.005<e<0.008
REP.	NB.	DESIGNATION	MATIERE	OBS.
Echelle 1:1		Machine CNC de découpage de tôles		Dessiné par Hamza ELKHALDI
A4		Ecole Nationale d'Ingénieurs de Sfax	2012-2013	Encadré par Moez FRIKHA

225

3 x 30

30   90

45

12xØ7H14
⊕ | Ø0.2 | B | C

75

R5

5

⊥ | 0.03 | A

B

36

333

373

270

▶ C

⟋ | 0.02

A

158.5

135

111.5

17

64

40

4xØ5.3H12
⊕ | Ø0.2 | A | C

Ø40H13
⊕ | Ø0.2 | A | C

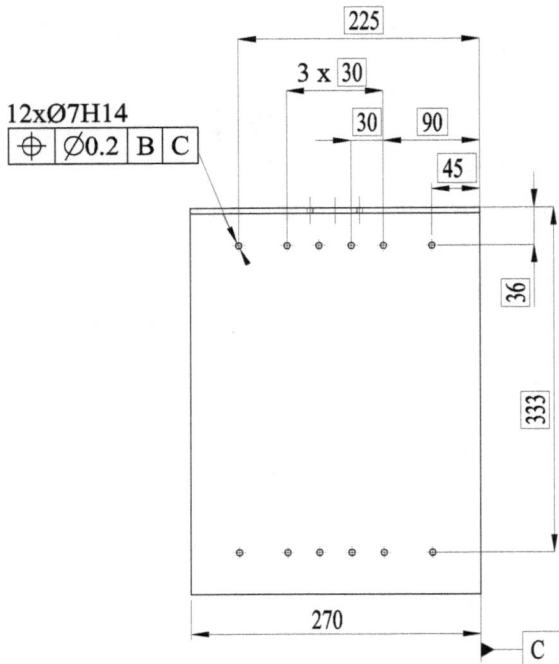

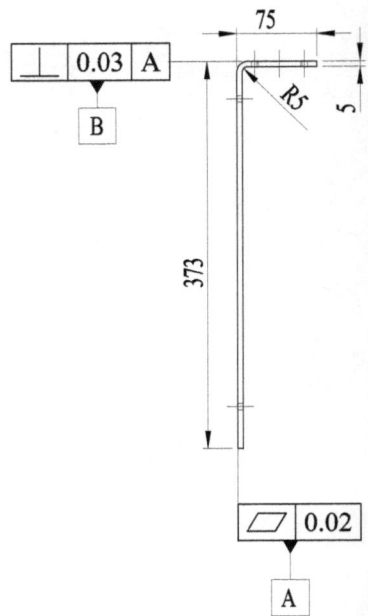

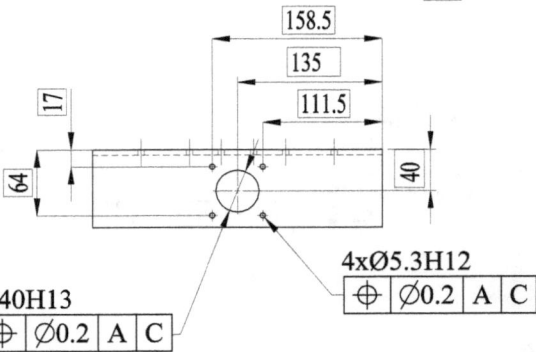

Tolérancement : ISO 2768-mk

Ra 6.3

Etats de surface :
partout sauf indications

1	1	Support de moteur Z	S235	
REP.	NB.	DESIGNATION	MATIERE	OBS.
Echelle 1: 5		Machine CNC de découpage de tôles		Dessiné par Hamza ELKHALDI
◁—◵ ⊕				Encadré par Moez FRIKHA
A4		Ecole Nationale d'Ingénieurs de Sfax	2012-2013	

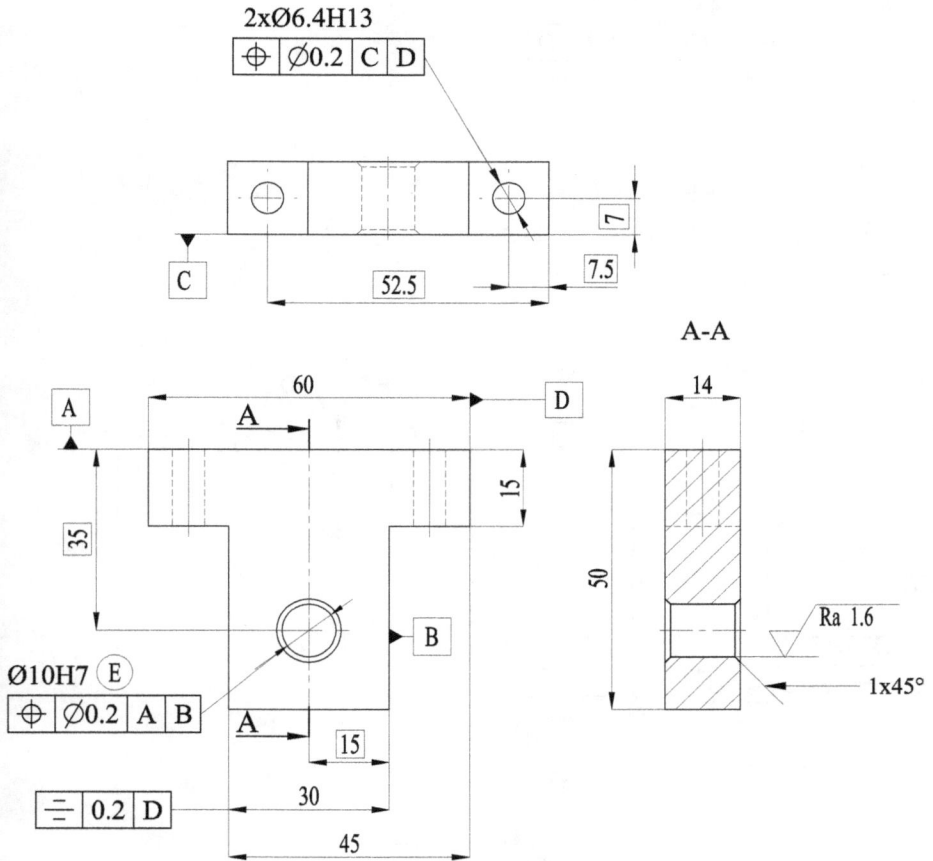

2xØ6.4H13

⊕ | Ø0.2 | C | D

C

52.5

7.5

7

A-A

14

A

60

D

A

15

35

50

Ra 1.6

1x45°

B

Ø10H7 (E)

⊕ | Ø0.2 | A | B

A

15

≡ | 0.2 | D

30

45

Tolérancement : ISO 2768-mk

Ra 3.2

Etats de surface :   partout sauf indications

3	4	Porte colonne	S235	
REP.	NB.	DESIGNATION	MATIERE	OBS.
Echelle 1:1		Machine CNC de découpage de tôles		Dessiné par Hamza ELKHALDI
◁ ⊕				Encadré par Moez FRIKHA
A4		Ecole Nationale d'Ingénieurs de Sfax	2012-2013	

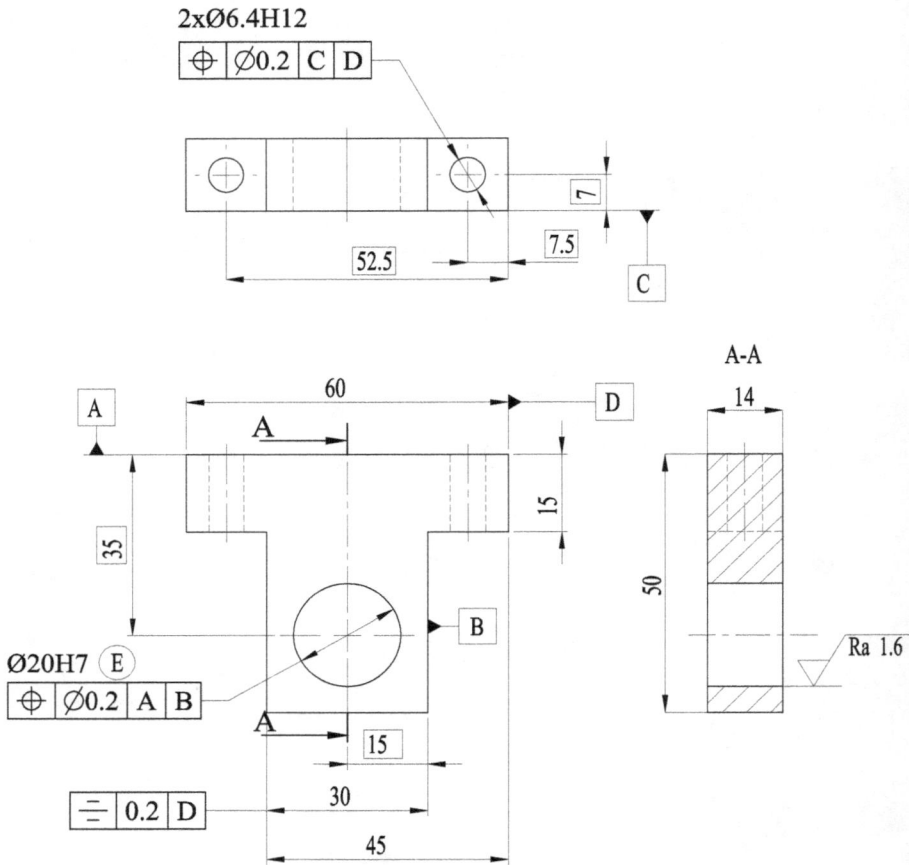

2xØ6.4H12

$\oplus$ | $\varnothing$0.2 | C | D

52.5   7.5   7

C

A-A

14

50

60

D

A

35

15

Ø20H7 (E)

$\oplus$ | $\varnothing$0.2 | A | B

B

Ra 1.6

A

15

30

$=$ | 0.2 | D

45

Tolérancement : ISO 2768-mk

Etats de surface :   Ra 3.2   partout sauf indications

6	2	Porte coussinet	S235	
REP.	NB.	DESIGNATION	MATIERE	OBS.
Echelle 1:1				Dessiné par Hamza ELKHALD
		Machine CNC de découpage de tôles		
A4		Ecole Nationale d'Ingénieurs de Sfax	2012-2013	Encadré par Moez FRIKHA

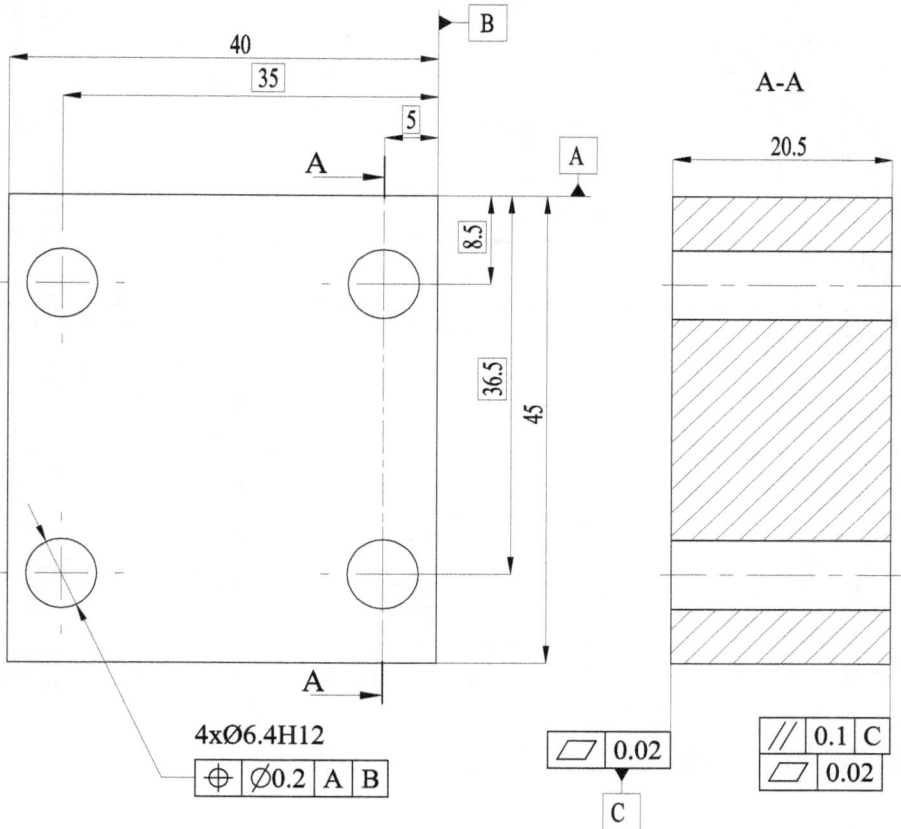

40

35

5

B

A-A

A

A

20.5

8.5

36.5

45

A

4xØ6.4H12

⊕ | Ø0.2 | A | B

▱ | 0.02

C

// | 0.1 | C
▱ | 0.02

Tolérancement : ISO 2768-mk

Ra 3.2

Etats de surface :   partout sauf indications

8	1	Porte écrou	S235	
REP.	NB.	DESIGNATION	MATIERE	OBS.
Echelle 2 :1		Machine CNC de découpage de tôles		Dessiné par Hamza ELKHALDI
A4		Ecole Nationale d'Ingénieurs de Sfax	2012-2013	Encadré par Moez FRIKHA

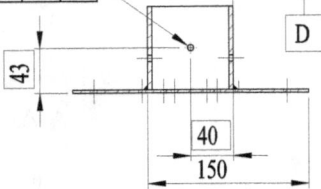

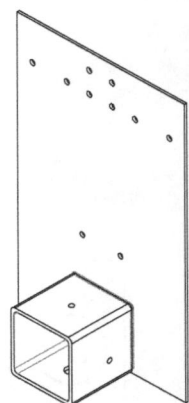

Ø6.4H12
⊕ | ⌀0.2 | A | D

B-B

// | 0.02 | B

D

43

40
150

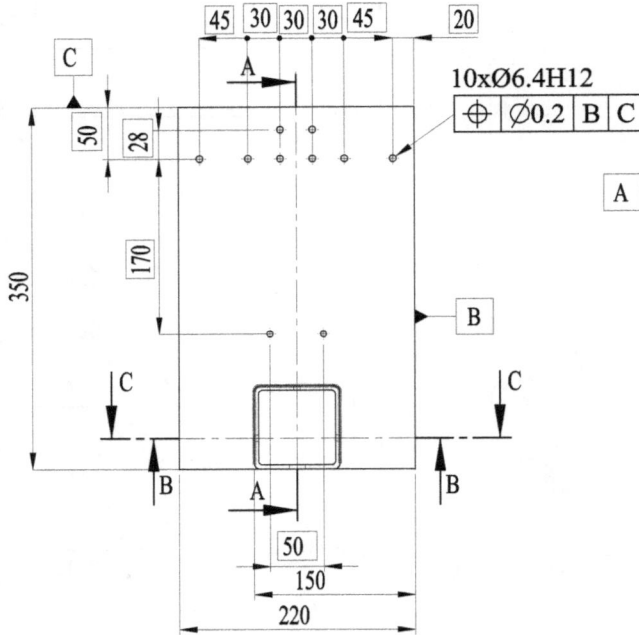

45 | 30 | 30 | 30 | 45   20

10xØ6.4H12
⊕ | ⌀0.2 | B | C

A-A

3

C

50

28

A

A

170

350

B

C   C

B   B

A

50
150
220

A

B

3

2xØ6.4H12
⊕ | ⌀0.2 | A | E

80

⊥ | 0.04 | A

83

E

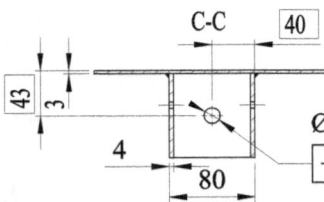

C-C   40

43

3

4

80

Ø13H12
⊕ | ⌀0.2 | A | D

Tolérancement : ISO 2768-mk

Ra 6.3

Etats de surface :
partout sauf indications

1	1	Support outil	S235	
REP.	NB.	DESIGNATION	MATIERE	OBS.
Echelle 1: 5		Machine CNC de découpage de tôles		Dessiné par Hamza ELKHALDI
A4		Ecole Nationale d'Ingénieurs de Sfax	2012-2013	Encadré par Moez FRIKHA

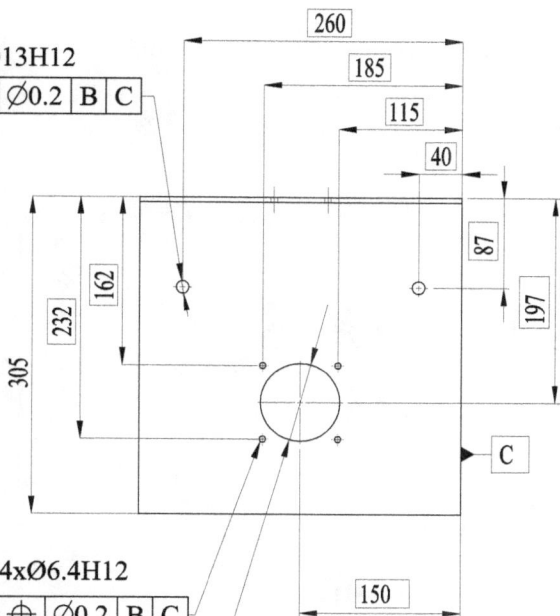

2x∅13H12
⊕ | ∅0.2 | B | C

4x∅6.4H12
⊕ | ∅0.2 | B | C

∅74H12
⊕ | ∅0.2 | B | C

4x∅6.4H12
⊕ | ∅0.2 | A | C

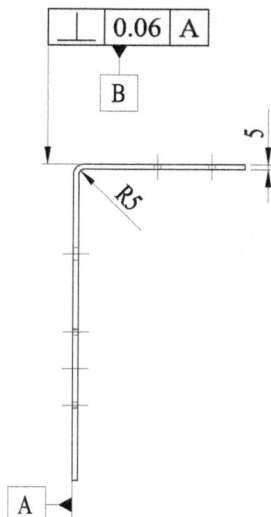

⊥ | 0.06 | A

B

R5

A

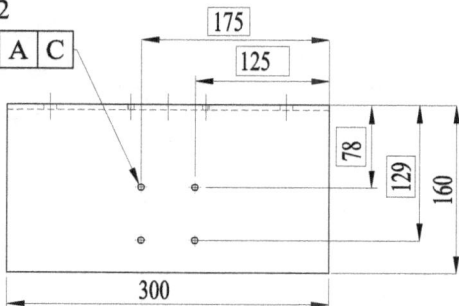

Tolérancement : ISO 2768-mk

Ra 6.3

Etats de surface :
partout sauf indications

10	1	Support de moteur X	S235	
REP.	NB.	DESIGNATION	MATIERE	OBS.

Echelle 1: 5

Machine CNC de découpage de tôles

Dessiné par
Hamza ELKHALDI

Encadré par
Moez FRIKHA

A4 — Ecole Nationale d'Ingénieurs de Sfax — 2012-2013

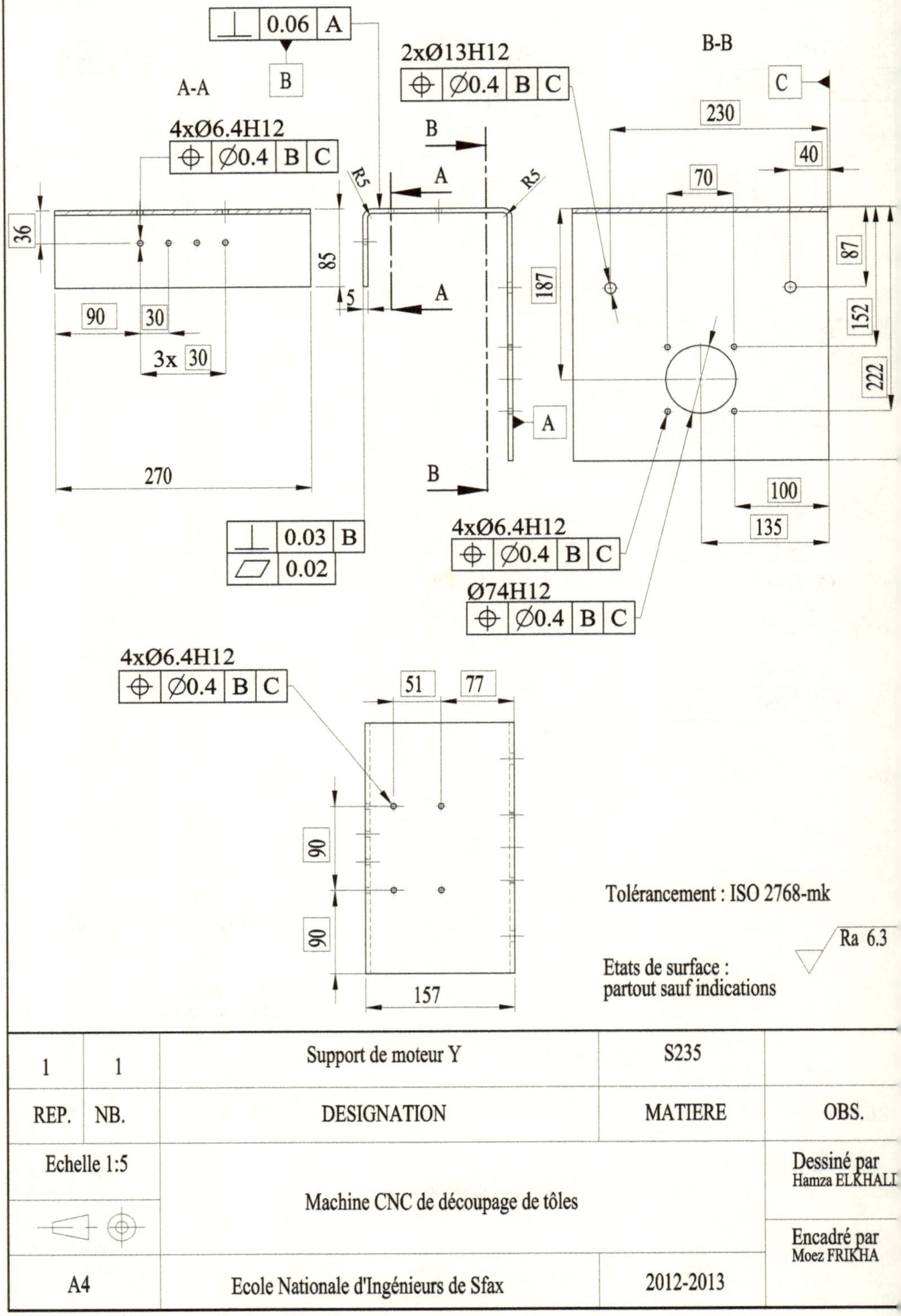

A-A

⊥ | 0.06 | A

B

4xØ6.4H12
⊕ | ∅0.4 | B | C

36

85

5

R5   R5

A

B

2xØ13H12
⊕ | ∅0.4 | B | C

B-B

C

230

70   40

187

87

152

222

90   30

3x 30

270

⊥ | 0.03 | B
⧫ | 0.02

100
135

4xØ6.4H12
⊕ | ∅0.4 | B | C

Ø74H12
⊕ | ∅0.4 | B | C

4xØ6.4H12
⊕ | ∅0.4 | B | C

51   77

90

90

157

Tolérancement : ISO 2768-mk

Ra 6.3

Etats de surface :
partout sauf indications

1	1	Support de moteur Y	S235	
REP.	NB.	DESIGNATION	MATIERE	OBS.
Echelle 1:5				Dessiné par Hamza ELKHALI
◁ ⊕		Machine CNC de découpage de tôles		
				Encadré par Moez FRIKHA
A4		Ecole Nationale d'Ingénieurs de Sfax	2012-2013	

C

9xØ6.4H12
⊕ | ⌀0.2 | A | B

315

200

2230

8 x 200

B

A

80

50

15

C

40

50

4xØ6.4H12
⊕ | ⌀0.2 | A | C

DÉTAIL A
ECHELLE 1 : 5

Ø17H12
⊕ | ⌀0.2 | B | C

40

B

20

65

DÉTAIL B
ECHELLE 1 : 5

R4

4

DÉTAIL C
ECHELLE 1 : 5

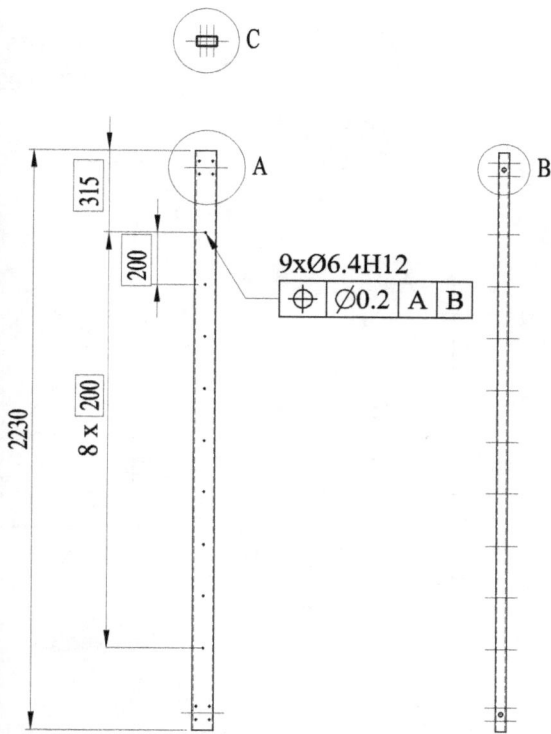

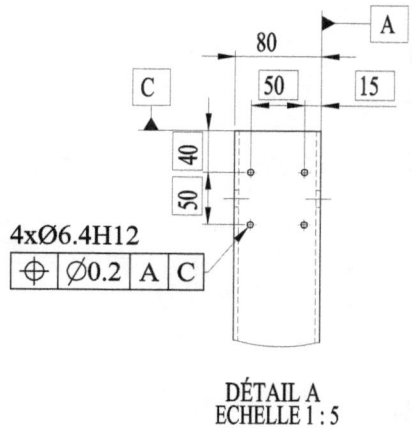

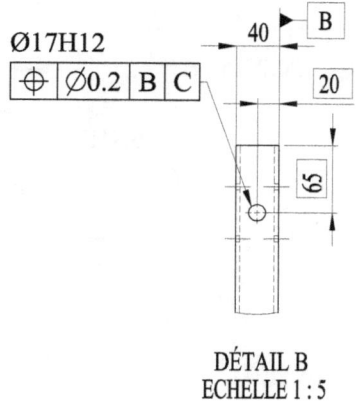

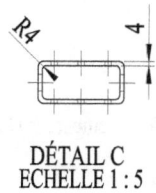

Tolérancement : ISO 2768-mk

Ra 6.3

Etats de surface :   partout sauf indications

1	1	Poutre de portique	S235	
REP.	NB.	DESIGNATION	MATIERE	OBS.

Echelle 1: 20	Machine CNC de découpage de tôles	Dessiné par Hamza ELKHALDI
		Encadré par Moez FRIKHA
A4	Ecole Nationale d'Ingénieurs de Sfax	2012-2013

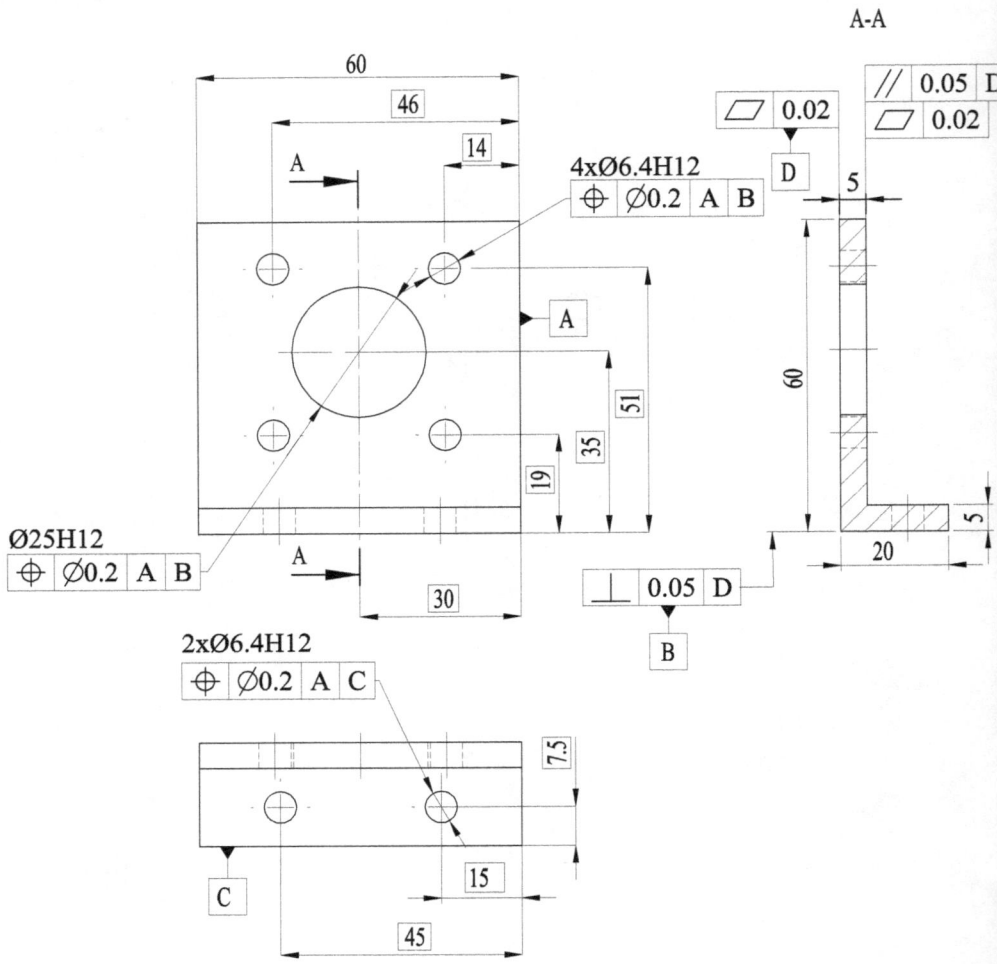

A-A

60

46

14

4xØ6.4H12
⊕ | Ø0.2 | A | B

A

A

51

35

19

30

// | 0.05 | D
▱ | 0.02
D
5
▱ | 0.02

60

5

20

Ø25H12
⊕ | Ø0.2 | A | B

A

⊥ | 0.05 | D

B

2xØ6.4H12
⊕ | Ø0.2 | A | C

7.5

C

15

45

Tolérancement : ISO 2768-mk

Ra 3.2

Etats de surface :   partout sauf indications

5	2	Support vis à bille	S235	
REP.	NB.	DESIGNATION	MATIERE	OBS.
Echelle 1:1		Machine CNC de découpage de tôles		Dessiné par Hamza ELKHALDI
◁ ⊕				Encadré par Moez FRIKHA
A4		Ecole Nationale d'Ingénieurs de Sfax	2012-2013